人文社会科学通识文丛 | 总主编◎王同来

关于**心理学**的100个故事
100 Stories of Psychology

汪向东◎编著

南京大学出版社

图书在版编目(CIP)数据

关于心理学的 100 个故事 / 汪向东著. — 南京：南京大学出版社，2018.12(重印)
（人文社会科学通识文丛 / 王同来总主编）
ISBN 978-7-305-08041-8

Ⅰ. ①关… Ⅱ. ①汪… Ⅲ. ①心理学－青少年读物 Ⅳ. ①B84-49

中国版本图书馆 CIP 数据核字(2011)第 011582 号

本书经上海青山文化传播有限公司授权独家出版中文简体字版

出版发行	南京大学出版社
社　　址	南京市汉口路 22 号　　邮　　编　210093
网　　址	http://www.NjupCo.com
出版人	左　健
丛 书 名	人文社会科学通识文丛
总 主 编	王同来
书　　名	关于心理学的 100 个故事
编　　著	汪向东
责任编辑	裴维维　　　　　编辑热线　025-83592123
照　　排	南京南琳图文制作有限公司
印　　刷	南京新洲印刷有限公司
开　　本	787×960　1/16　印张 14.5　字数 268 千
版　　次	2011 年 3 月第 1 版　2018 年 12 月第 4 次印刷
ISBN	978-7-305-08041-8
定　　价	33.00 元
发行热线	025-83594756　83686452
电子邮箱	jryang@nju.edu.cn

* 版权所有，侵权必究
* 凡购买南大版图书，如有印装质量问题，请与所购
　图书销售部门联系调换

江苏省哲学社会科学界联合会
《人文社会科学通识文丛》编审委员会

主　　　任　王同来

成　　　员（按姓氏笔画为序）

　　　　　　王月清　左　健　叶南客　汤继荣
　　　　　　刘宗尧　陈冬梅　杨金荣　杨崇祥
　　　　　　李祖坤　吴颖文　张建民　陈玉林
　　　　　　陈　刚　金鑫荣　高志罡　董　雷
　　　　　　潘文瑜　潘时常

文丛总主编　王同来

文丛总策划　吴颖文

选题策划组　王月清　杨金荣　陈仲丹
　　　　　　倪同林　王　军　刘　洁

前　言

"心理学"一词来源于希腊文,意思是关于灵魂的科学。他是研究人和动物心理活动和行为表现的一门科学。

心理学是一门既古老又年轻的科学。说它古老是人类探索自己的心理现象已有两千年的历史:从公元前四世纪古希腊亚里士多德的《论灵魂》开始,心理学一直是包括在哲学之中;说它年轻是因为它是十九世纪中叶才开始从哲学中分出来,成为一门独立的科学,它只有百余年的历史。

因此,德国著名的心理学家艾宾浩斯曾说:"心理学的诞生是以德国心理学家、科学心理学的创始人冯特1879年在德国莱比锡创立的第一个心理实验室为标志的。"

心理学是研究人的心理现象发生、发展规律的科学。研究心理过程,包括认识过程(感觉、知觉、记忆、思维、想象),情感过程(喜、怒、哀、乐等)和意志过程(目的的确定、困难的克服等)。

那么,什么是人的心理现象？其实,心理现象时时刻刻都在我们的劳动、工作、学习中产生。只是有时候我们不了解它,才会使有些人觉得它非常神秘罢了。

例如:我们看电视时,能听到电视中优美的音乐和看到电视中壮丽的山水;吃饭时,能闻到饭香,尝到甜之味等,这些是人的感觉和知觉;另外,我们对看过的影片还能"记忆犹新",这就是记忆等等,这些都是心理现象。

随着生活和工作节奏的加快、应激状态的持续、竞争压力的增大、社会阅历的扩展和思维方式的变革,在工作、学习、生活、人际关系和自我意识等方面,几乎每个人都会遇到心理失衡的现象。

据最新统计显示,目前全球约有3亿人患有不同程度的心理障碍症,其中男性占发病人数的82.5%,女性占17.5%。中国患有不同程度的抑郁症者接近2700万人,直接经济负担为141亿人民币,间接经济负担481亿人民币。

美国心理疾病的发病率是20%到30%,德国已达300万人,而整个亚洲则是5000万人,其中有90%的人,并没有意识到自己患有心理疾病。

其中儿童因各种心理问题的发病率为17.66%。大中学生中5%到6%有轻生的念头,其中的13%有了自杀的准备,而且,这些情况呈直线上升趋势。

其实,我们生活中的很多心理困惑和苦恼,都是可以在心理学面前迎刃而解的,然而,由于很多人对心理学知识的了解还很肤浅并存在误解,使得一些问题逐渐恶化,最终造成了不可挽回的损失。如恋爱、婚姻、自卑、人际关系以及失眠、焦虑、忧郁等等问题。

由此,我们进行了长达两年的调查研究,决定用故事的形式来编辑本书。书中将以生动贴切的故事、精彩的图片以及视觉艺术专家的专门设计等形式,来为读者铺就一条通往心理之门的康庄大道,使读者在享受读书乐趣的同时,在潜移默化中深入了解心理学上的各种知识。

期望读者在读完这本书后能够进一步了解心理学,并将之应用到现实生活当中,使自己的身体健康和事业发展做一次质的飞跃。

目 录

第一章　普通心理学

1. 失去感觉怎么办？ 2
2. 长不大的孩子 4
3. 猩猩的惊人智慧 6
4. 和珅的同感心理学 9
5. 狐狸与酸葡萄 11
6. 信任和期望的力量 13
7. 过于快乐也是病 15
8. 带走100个亡灵 17
9. 哈哈镜下的"苗条病" 20
10. 约翰·法伯的跟屁虫实验 22
11. 农场主拉选票 24
12. 让人胆战的桥 26
13. 世界颠倒过来了 28
14. 后羿射箭 30
15. 害怕英俊男孩的女生 32
16. 小牛仔的洗手之谜 34
17. 跳蚤实验和自我放弃的狗 36
18. 一个非常简单的实验 38
19. 无法逾越的"玻璃之墙" 40
20. 李比希与功能固着心理 42
21. 爱迪生的合伙人 44
22. 别人的心思我知道 47
23. 改变爱因斯坦一生的故事 49
24. 竞选结果出来之前 51
25. 乔·吉拉德找工作 53
26. 这样教育孩子 55

- 27. "希望"马拉松　　　　　　　　　　　57
- 28. 布里丹毛驴效应　　　　　　　　　59
- 29. 口吃的雄辩家　　　　　　　　　　61
- 30. 如何与对方拉近心理距离　　　　　63
- 31. 苏格拉底的教育法　　　　　　　　65
- 32. 菲利普撞鬼　　　　　　　　　　　67
- 33. 艾宾浩斯的记忆曲线　　　　　　　69
- 34. 高层主管的烦恼　　　　　　　　　72
- 35. 纠缠不清的忧郁症　　　　　　　　74
- 36. 玛吉老师的苦恼　　　　　　　　　76
- 37. 黛安娜王妃的暴食症　　　　　　　78

第二章　社会心理学

- 38. 他为什么跳楼　　　　　　　　　　82
- 39. 黑猩猩的政治　　　　　　　　　　84
- 40. 勒温的"拓扑理论"　　　　　　　87
- 41. 漂亮的优势　　　　　　　　　　　89
- 42. 让他变得更富有　　　　　　　　　91
- 43. 孩子们受到的不公正待遇　　　　　94
- 44. 假病人真医生　　　　　　　　　　96
- 45. 被遗弃的孩子们　　　　　　　　　98
- 46. 飞机将推迟一小时着陆　　　　　　100
- 47. 家庭主妇的预言　　　　　　　　　102
- 48. 让人震惊的凶杀案　　　　　　　　104
- 49. 总统的无奈　　　　　　　　　　　106
- 50. 偷车贼的心理　　　　　　　　　　108
- 51. 曾参真的杀了人　　　　　　　　　110
- 52. 惊人的谈话效果　　　　　　　　　112
- 53. "监狱"里的人们　　　　　　　　114
- 54. 竞争优势效应　　　　　　　　　　116
- 55. 由游戏引发的战争　　　　　　　　118
- 56. 狼人的启示　　　　　　　　　　　121
- 57. 公关小姐的秘诀　　　　　　　　　123

第三章 人格心理学

- 58. 艾森克的性格理论　　126
- 59. 马斯洛需求层次理论　　128
- 60. 奥尔波特的人格特质论　　131
- 61. 甘为人梯的贝尔效应　　133
- 62. 著名作家为什么偷钱　　135
- 63. 罗密欧与朱丽叶效应　　137
- 64. 你是否越过了门坎　　139
- 65. 偷内衣的小男孩　　141
- 66. 喜欢扮做女人的牛仔　　143
- 67. 15岁女孩竟然当了10年小偷　　145
- 68. 查账的会计师　　147
- 69. 顽童当州长　　149
- 70. 扼住命运的咽喉　　151
- 71. 被自信惯坏的孩子　　153
- 72. 腕表丢失之后　　155
- 73. 直觉，让女人神机妙算　　157

第四章 医学心理学

- 74. 江湖骗子梅斯梅尔　　160
- 75. 弗洛伊德听来的案例　　163
- 76. 弗洛伊德与埃米夫人　　166
- 77. 希特勒的变态心理　　168
- 78. 约翰的可怕念头　　170
- 79. 疯狂的赌徒们　　173
- 80. 绵羊的心理阴影　　176
- 81. 小女孩的恋父情结　　178
- 82. 甘受皮肉之苦的女子　　180
- 83. 希贝拉女士的苦恼　　182
- 84. 沉默中的男孩　　184
- 85. 同性恋男孩的苦恼　　186
- 86. 玛利亚遇邪　　188

3

87. 卡那的怪病 190
88. 天才儿童的自闭症 192
89. 恐吓父母的男孩 194
90. 要求截肢的女孩 196
91. 她是在装病吗？ 198
92. 母亲的担心 200
93. 三面夏娃 202

第五章　生理及其他心理学

94. 神奇的梦境 206
95. 爱因斯坦大脑之迷 209
96. 蒙上眼睛的试验 211
97. 灵感到底是什么 213
98. 俄狄浦斯情结 215
99. 谁是坏孩子？ 217
100. 精神崩溃的海伦 219

第一章

普通心理学

普通心理学是研究心理学基本原理和心理现象的一般规律的心理学分支。

心理学有许多分支,每一分支分别从不同的角度来研究心理现象。但是,任何一个分支都不可避免地要涉及对心理和心理现象的总的看法,如心理学的对象和方法,心理的实质和心理现象的规律性等。对这些心理学一般理论问题的阐述,构成了普通心理学的一个重要的研究领域,即心理学基本原理的研究。其研究成果对其他心理学分支有重大的意义。

普通心理学以正常成人的心理活动为对象,阐述心理活动的最基本规律。它所涉及的内容是心理学最基本的概念和心理活动最基本的规律,是学习其他心理学知识的基础。普通心理学可以分为四个方面:认知,情绪、情感和意志,需要和动机,能力、气质和性格。

1. 失去感觉怎么办？

> 感觉指人脑对直接作用于感觉器官的事物的个别属性的反映。就是说，客观事物具有许多个别属性，这些个别属性在人脑中的反映就是感觉。

传说，古希腊有一位名叫莱恩多的贵族，他因为勾引国王的妃子被打入了死牢，国王要用最残酷的刑罚来严惩这位胆大妄为的偷情者，要让他生活在没有声光色味的世界中——他把莱恩多关在了一间没有光线的地下室，这里黑漆漆的，什么也看不见，他的手脚和脖颈用固定在墙上的铁环套住，动弹不得，狱卒每天喂给他没有任何味道的面粉。

莱恩多决心复仇，他每天在单纯的复仇意念中用想象力来锻炼自己的体格和武艺，由于没有各种感觉刺激，使得他的理智和想象力得到了极大的发展，由于只吃干面粉，使他的体格格外强壮，并且能够免除一切疾病的侵害……十年后，当他重见天日的时候，他已经是一个无坚不摧的强者了，凭着十年牢狱生涯练就的一身功夫，他轻易打败了国王，并和他心爱的王妃幸福地生活在了一起。

这样的牢狱生活真的可以把人锻炼成一个伟大的强者吗？丧失了感觉能发展一个人的理智吗？感觉对于人到底有什么作用？为了解答这个问题，1954年，加拿大麦克吉尔大学的几个心理学教授进行了一个名为"感觉剥夺"的实验。

在这个实验中，实验对象戴半透明的护目镜，它仅能透过漫射的光线而看不见图像。棉手套和卡片纸做的护腕剥夺了受试者手指的触觉。听觉刺激被一只围在头上的U形枕头和一只始

1. 失去感觉怎么办？

终嗡嗡作响的空调机控制了。实验对象在小房间里尽可能长久地躺在床上，吃喝都由实验者安排好了，用不着实验对象移动手脚。总之，实验物件的各种感觉都被"剥夺"了。他招募了20名大学生做实验对象，这些实验对象每忍受一天的感觉剥夺，就可以得到20美元的酬劳，在1950年代的加拿大，这可是相当可观的一笔收入。

这些实验对象本来以为自己得到了一个美差事，闭着眼睛睡大觉也可以赚钱。实验刚开始的时候，实验对象还能安静地睡着，但没过多长时间，实验对象就开始失眠、不耐烦，他们急切地想寻找一点刺激，他们想说话、唱歌等等。

总之，他们变得焦躁不安、很不舒服，甚至思维都要混乱了。被隔离12、24、48小时后，实验对象要分别进行包括简单算术、字谜游戏及组词等内容的测试。结果表明随着被隔离时间的延长，测试的成绩越来越差，隔离一段时间后，受试者很难集中注意力并变得易激动。此外，还会产生幻觉。隔离状态下的脑电波比隔离前显著减慢。刚解除隔离状态时，实验对象常产生感觉失真的现象，脑电波要过几小时后才能恢复正常。

我们依靠听觉感受声音和旋律，靠视觉感受色彩和光线，靠皮肤感受冷暖、粗糙和细腻……感觉是我们一些外界刺激的来源，它对人的心理健康发挥着重要的作用。首先，没有感觉，我们就无法获得外界的任何信息，我们的心灵将是一片苍白；其次，人体是一个内外平衡的系统，只有信息的输入和输出保持平衡的时候，人的心理才能保持健康。

最后，感觉对于人际关系而言也非常重要，没有感觉既不能和他人建立同感，对于他人的情绪变化也是麻木的。在一个感觉被剥夺的环境中，不要说十年，就是呆上十天，人也会出现思维混乱、注意力涣散、语言能力受损等现象，严重地损伤了人们的心理健康。

丰富的感觉刺激对于婴幼儿的智力发育来说也是非常重要的。所以，婴幼儿的童车上才往往装饰着色彩绚丽的各种玩具。家长应当为婴幼儿提供尽可能丰富的感觉刺激以帮助婴幼儿大脑的发育。而刺激贫乏、单调的环境将严重影响婴幼儿大脑的发育。

2. 长不大的孩子

> "假装长不大"同样具有精致的心理结构,其实,他为的是避免这个"家庭的死亡"。

有一天,一名行为恭谦的父亲带着孩子来到鲁特的诊室,父亲坐在儿子旁边,对着鲁特教授,然后站起来走到治疗师面前的沙发上坐下,看着治疗师很急切地说:"他是我儿子,今年18岁了,可至今还和他妈妈睡,弄得我们夫妻分居多年,我担心他是不是有什么问题。"

接下来,孩子的父亲就对着鲁特教授侃侃而谈,说自己家里的房子小,三口之家一直住在一起,后来房子大了,因老人的原因使得三人仍不能分开睡,好在他经常出差,所以孩子能够和母亲睡。过了几年之后,他的工作慢慢稳定下来了,这样一来,他就可以每天回家了,但这时候,已经13岁的儿子却不愿和母亲分开了,以后他只好自己一个人睡。不过,如果母亲有事不在的话,孩子也要父亲陪着他睡。

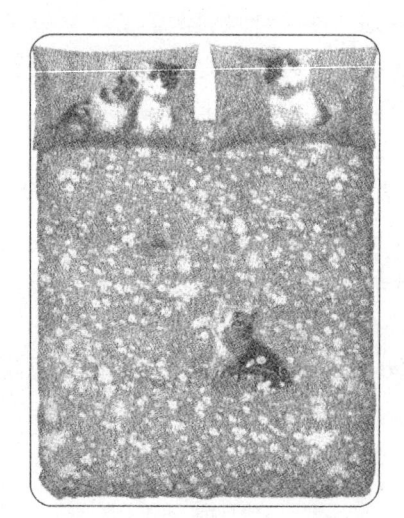

于是鲁特教授就转向孩子,问他的同学关系,考察他的言语表达能力。

意外的是,小男孩很沉着地讲述自己喜欢听音乐、跳舞和同学聚会等。而且,有时候如果高兴的话,还会向别的同学成功推销一些小东西,得到一点盈利。

他和同学关系开始时很顺利,也能谈得来,但深交下去,他自己也不知为什么,就逐渐疏远。学习成绩以前还可以,近来明显有退步,总觉得自己脑子不好使;注意力、记忆力下降,自己也觉得苦恼。

2. 长不大的孩子

而且,他说自己和父亲的关系是"矛盾性亲近",即既愿意接触,又比较逆反。而和母亲接触则为"亲近性疏远",即关系很亲,但心里又觉得很疏远。

鲁特觉得现在跟自己对话的小孩,是以18岁甚至更成熟的年龄在同自己交流。这样的孩子不该有严重的分离焦虑。

"那你父母的关系如何?"鲁特问。

"他们以前总是吵架,最近几年稍微好了些。"男孩回答说。

"是否自从父母不吵架了,你的成绩反而开始下降了?"鲁特又问道。

男孩想了想,说:"这好像没什么联系吧。"

这时,父亲插话到:"我在公司工作,交际能力还行,平时经常有应酬,为此,他妈妈经常与我吵架。这孩子其实很佩服我,但要和我交谈时可能我会比较粗暴、武断,他虽然和他妈妈亲些,但他妈妈工作一般、文化程度不高,他其实瞧不起他妈妈。"

现在,问题的根源慢慢浮现了。父亲事业有成、家里绝对权威、与母亲各方面的悬殊差异导致不经意对母亲的不屑。当孩子长大之后,他无疑是欣赏和愿意成为父亲那样的男子汉的,但这样家里就有两个强大的男人对一个弱小、无助的女性,母亲失去了母亲的照顾功能、又没有知识上的跟进,在孩子的内心,母亲既可能被父亲淘汰,也可能被自己淘汰,最后被社会所淘汰。而这是他不能接受的"幻想现实",作为妥协,他必须使自己变得不进步、变得需要回到被照顾的状态中去。

这时,孩子在父母面前仍是年幼、需要照顾的,这样,自己能够不那么强大,母亲也就显得有"照顾"的价值了。

孩子身体的不适是为了不与父亲直接对抗,将自己变得弱小一点。他的"退步"还导致了来自母亲的照顾,旨在继续发挥她的作用,这种"假装长不大"的心理结构,使家庭维持在"维持"的水平。

3. 猩猩的惊人智慧

> 顿悟指的是透过观察,从情境的全局对达到目标途径的提示有所了解,从而在主体内部确立起相应的目标和手段之间的关系的过程。

美籍德裔心理学家沃尔夫冈·苛勒长期致力于猩猩的"智力"问题研究,在他担任猩猩研究站站长期间,发表了大量的研究报告,揭示了猩猩这种动物的生活习性和学习本领。

猩猩研究中心有一只名叫沙尔的雄性猩猩,为了在它身上做一项特殊的试验,饲养员专门一个上午不给它吃任何东西,让它处于极度饥饿状态。午间过后,等到时机差不多成熟了,饲养员这才把它领到一个房间,房间的天花板上吊着一串香蕉,沙尔即便是站立起来也够不到。

沙尔一见香蕉便又蹦又跳,可怎么也够不着。它急得在屋子里来回打转,嘴里发出不满的吼声。这时候,饲养员在房间里放了一口大木箱、一根短木棒。沙尔犹豫了一下,它拿起棍子,试探着去够香蕉,可依然够不着。沙尔失望了,它沮丧地蹲在地上。就在它万般无奈的时候,突然,它直奔箱子,把它拖到香蕉的下面,然后又拿着那根短木棒,很敏捷地爬到箱子上,轻轻一勾,香蕉就到手了。

几天之后,他们再次测试沙尔的学习本领。这次,房间还是那个房间,不同的只是香蕉挂得更高,短棍换成了一口小木箱。

沙尔一开始仍然沿袭上次得到的经验,它把大箱子搬到香蕉下面,然后爬上去,蹲下来,准备跳起来够香蕉。但它并没有跳起来去抓香蕉,因为香蕉太高了,无论如何也是够不着的。

3. 猩猩的惊人智慧

它茫然地坐在箱子上，有些不知所措。突然，它又跳了下来，抓住小箱子，拖着它满屋子乱转，同时发出愤怒的怪叫声，并用力地踢打墙壁。等到它气撒得差不多的时候，它忽然像明白了什么似的，拖着小箱子来到大箱子跟前，稍微一用力，便将小箱子扔在了大箱子上面，然后迅速爬了上去，解决了难题。

另外，苛勒还设计了许多不同的难题让猩猩解决。猩猩似乎能时不时地突然在某个关键时刻想到解决问题的办法，苛勒解释说，这是猩猩在脑海里对形势的重塑。他将这种突然的发现叫做"顿悟"，定义为"某种相对于整个问题的布局而出现的完美解决方法"。

另外一个显著的顿悟例子则是由别的问题诱发的。苛勒把一只叫沃特的雌猩猩放在笼子里，再当着它的面，把香蕉放在笼子外面它够不到的地方，并在笼子里面放一些棍子。沃特看到香蕉，只是一个劲地用前臂去够，嘴里呼哧呼哧地喘着粗气，够不到香蕉，却又想不起拿棍子。结果，折腾了一个多小时，它失去了耐心，干脆躺在地上，不动了。

这时候，它发现另外几只猩猩正朝笼子外面的香蕉走来，它一下子就跳了起来，抓住一根棍子，猛地把香蕉拨到了自己跟前。显然，其他猩猩接近食物对它起到了激发作用，从而诱发出了它的顿悟力。

也正是这样的一系列研究，苛勒在1925年出版了《猩猩的智力》这本专著，报告了自己的试验结果和惊人发现。他的专著令心理学界大受震动。

他最重要的发现之一就是，顿悟式学习不一定依靠奖励。另外一项重要发现就是当动物得到某种顿悟时，它不仅知道用顿悟到的知识来解决当下的问题，而且可以有一定程度的融会贯通，甚至举一反三，把稍加改变的方法应用到其他不同的情形之中。按照心理学的术语来说，顿悟式学习能进行"积极传递"。

以奖品为基础，透过试误法来解决问题的模式，对一些简单动物解决问题的解释是令人满意的，可是，在对一些有较高智力的动物和人类进行解决问题的研究时，还是按照由苛勒、登卡尔和韦特海默指示的方向进行。

7

他认为学习不是由于盲目的尝试,而是由于对情境有所顿悟而获得成功的。在苛勒看来,顿悟就是领会到自己的动作为什么和怎样进行,领会到自己的动作和情境,特别是和目的物的关系。这一学习理论目前已成为西方心理学中重要的学习理论之一。

> **小知识：**
>
> **沃尔夫冈·苛勒(1887～1967)**
>
> 　　美籍德裔心理学家,格式塔学派的创始人之一,出生于爱沙尼亚,5岁时迁居德国北部。1925年出版了名著《猩猩的智力》,提出顿悟学习理论。

4. 和珅的同感心理学

> 同理心又叫"同感",指能设身处地体验他人的处境,对他人的情绪和心境保持敏感和理解。

在清王朝的历史上,和珅不仅是个大贪官,而且还是一个劣迹斑斑的奸佞小人。但是,以乾隆的英明为何还要宠幸和珅长达二十余年呢?到底是君臣相得,还是别有隐情?是乾隆看错了和珅,还是和珅钻了乾隆的空子?

不过,恐怕没有几个人会否认,和珅除了是一个贪官小人外,还是一位善解人意的心理大师呢!

要知道,和珅是乾隆王朝的大红人。他"少贫无籍,为文生员",到了乾隆四十年(1775年)才被擢为御前侍卫。但自此之后,和珅深得乾隆的宠信,平步青云,任军机大臣长达20年之久,可谓空前绝后。其中原因,恐怕很大程度上都得益于他善解人意。

乾隆皇帝喜欢吟诗作赋,而和珅也在很早的时候,就下了很大功夫来收集乾隆的诗作,并对其用典、诗(词)风、喜用的词句了解得一清二楚,闲来还有所唱和,这让乾隆对他另眼相待。要知道,和珅作为一个满人,却能在诗赋上有所建树,这可不是件容易的事情!

乾隆的母亲去世时,和珅表现得非常出色。他并不像其他皇亲国戚、官宦臣下那样一味地劝皇上节哀,或说一些不关痛痒的话。和珅只是默默地陪着乾隆跪泣落泪,不思寝食,几天下来人就搞得面无血色,形容枯槁。能如此与皇帝同感共情的人,满朝文武中也就和珅一人!因此,他深受乾隆的宠信。

一次乾隆出游,途中忽命停轿却不言为何,别人都很着急。和珅知道后,立即找到一个瓦盆递进轿中,结果让乾隆非常高兴,溺毕继续起驾。一路上,所有的人全都非常佩服和珅脑子灵活,取悦龙心有术。

乾隆是一个非常诙谐的人,总是喜欢和大臣们开玩笑。因此,和珅就经常给乾

9

隆讲一些市井的俚语笑话,使得龙心大悦。

记得清人笔记中有这样一则故事:按照惯例,顺天(指北京)乡试《四书》考题,例由皇上钦命,由内阁先期呈进《四书》一部,命题完毕,书归内阁。有一次,乾隆在命题之后,由内监捧着《四书》送还内阁。途中正好遇到和珅,于是,和珅便打听起皇上命题的情况,内监又不敢多言,只说皇上手批《论语》第一本,在快批完的时候,就微笑着开始书写。

和珅听了沉思片刻,就立刻想到乾隆肯定批的是"乙醯"一章。因为乙醯两字包含"乙酉"二字,而那年乡试就是在乾隆乙酉年举行。和珅便以此通知他的弟子们,结果正如和珅所料,那年的乡试考题果然是"乙醯"一章。从这一点上,足以看出和珅"以帝心为心",功夫非同寻常!

同感共情是指一个人能够准确无误地体察到对方的内心感同,也就是"想对方之所想,急对方之所急"。

和珅同感共情的能力在心理学中称为"同理心"。同理心这个概念最初是由美国的临床心理学家罗杰斯针对医患关系中的医生而谈的,现今已扩展到医患关系双方及普通的人群之中了。同理心又译作"移情"、"同感"、"共情"等,是指能设身处地体验他人的处境,对他人的情绪和心境保持敏感和理解。在与他人交流时体验到对方的内心世界的感受,并能对对方的感情做出恰当的反应。而且,这种共情层次越高、感受越准确越深入时,不仅能帮助人们更好地理解对方,缓解情绪状态,促进对方的自我理解和双方的深入沟通,自然就能建立起一种积极的人际关系,不仅有助于问题的解决,还有助于发展人们的爱心、利他、合作等个性质量。

通常,一个具有同理心的人对周围的一切事物都会产生一种关心和了解的心理趋向。当自己与他人在认识上出现了分歧时,能够真诚地尊重对方,并容忍这种差异;当自己与他人在行为上出现摩擦时,能善意地理解对方,并分担由此而产生的各种心理负担。因此,这便会使人感受到这种力量在支撑着他或是她,使他们感觉到无论说什么都会得到宽容和尊重,并由此而增强了自己的自信心,看到了希望,从而获得愉快的心理体验。缺乏同理心的人是不能从他人的角度出发去理解他人的,他们常常不能接受别人的观点,却一定要求别人接受他们的观点。对这样的人,人们自然就会"敬而远之"。

5. 狐狸与酸葡萄

> 心理学把个体所追求的目标受到阻碍而无法实现时,以贬低原有目标来冲淡内心欲望,减轻焦虑情绪的行为称之为"酸葡萄心理"。

在山上有家猎户,院子里种了好多葡萄。一到收获的季节,所有的葡萄架上爬满了葡萄,距离很远就看到了。葡萄架上,绿叶成荫,挂着一串串沉甸甸的葡萄,紫的像玛瑙,绿的像翡翠,上面还有一层薄薄的粉霜呢!望着这熟透了的葡萄,谁不想摘一串尝尝呢?

这些葡萄,吸引了无数的人和动物前来参观、品尝。其中就有一只狐狸,已经纠缠了好几天了,它每次等到猎户一出门,便来到葡萄架下,希望能吃到葡萄,不过,因为葡萄架太高的原因,使得它每次都是乘兴而来败兴而归。

今天,从早上到现在,狐狸一点儿东西还没吃呢,肚皮早饿得瘪瘪的了。它走到葡萄架下,看到这诱人的熟葡萄,口水都出来啦!可葡萄太高了,够不着。

怎么办?对!跳起来不就行了吗?狐狸向后退了几步,憋足了劲儿,猛然跳起来。可惜,只差半尺就够着了。再来一次!唉,越来越不行,差得更多,起码有一尺!还跳第三次?狐狸实在饿得没劲儿,跳不动了!一阵风吹来,葡萄的绿叶"沙沙"作响,飘下来一片枯叶。

狐狸想要是掉下一串葡萄来就好了。它仰着脖子,等了一会儿,结果还是毫无希望,那几串葡萄挂在架上,看起来牢固得很呢。

"唉……"狐狸叹了口气。

忽然,狐狸笑了起来,它安慰自己说:"那葡

11

萄是生的，又酸又涩，吃到嘴里难受死了，不呕吐才怪呢！哼，这种酸葡萄，送给我，我也不吃！"同时，它又拿出了几个又小又青的柠檬，说："天底下最甜美、最好吃的莫过于柠檬了。只有傻子才去吃什么葡萄呢。"于是，狐狸饿着肚皮，又高高兴兴地回去了。

这是一则在世界上流传很广的故事，因为它的出现，使得心理学中就有了"酸葡萄心理"这个术语，并用他来解释合理化的自我安慰，它是人类心理防卫功能的一种。

生活中，我们会遇到很多像狐狸那样的境遇和心态，当受到挫折时，就找理由丑化得不到的东西。"酸葡萄心理"是因为自己真正的需求无法得到满足产生挫折感时，为了解除内心的不安，编造一些"理由"自我安慰，以消除紧张，减轻压力，使自己从不满、不安等消极心理状态中解脱出来，保护自己免受伤害。

"百年人生，逆境十之八九。"当遭遇挫折并产生挫折感时，人们往往会不自觉地产生要消除或减轻受挫感的倾向，总会有意无意地采用一些心理防卫方式来实现这一点。其中，"酸葡萄心理"和"甜柠檬心理"就是较为典型和常用的心理防卫方式。

"酸葡萄心理"，就像狐狸吃不到葡萄而说葡萄酸一样，即丑化得不到的东西。"甜柠檬心理"，指狐狸吃不到甜葡萄，只好吃酸柠檬，却硬说柠檬是甜的，即美化得到的东西。

"酸葡萄心理"和"甜柠檬心理"看起来愚蠢而荒唐，但确实具有一些积极作用，这是一种心理调整的过程。这两种心理可以帮助人在遭遇挫折时从忧伤中解脱出来，灵活地松动既定的、可望而不可即的追求目标，暂时保持一种良好心态，恢复心理平衡，防止行为上出现偏差并在一定程度上保持自尊心。当然这只是一种治"标"的心理防卫方式，不能治"本"。

如果凡遇挫折都一味地听任这种心理摆布而不敢正视现实，不但不能解决问题，久而久之形成惰性，反而使问题复杂化，导致更大的挫折。只有树立正确的人生观，才能真正积极地改变环境，面对挫折。

6. 信任和期望的力量

> 　　心理定势又叫做心向。它是主体对一定活动的一种预先的心理准备状态。它不是人的局部的心理活动,而是主体的完善的个性状态。定势以一定的活动方向,预先准备的形式,对已经形成的生活需要以及满足需要的客观环境发生反映。它可表现在人的一切心理活动中。

　　美国著名心理学家罗森塔尔曾做过两个有趣的实验:

　　有一次,他让参加实验的学生用两组大白鼠做实验,还故意让这次主持实验的老师告诉这些学生们,这两种大白鼠品种是不一样的,其中的一组十分聪明,而另外一组不仅算不上聪明,甚至可以说有些笨拙了。

　　等老师把这些事情交代完毕之后,就正式开始实验操作了。这时候,这些进行实验的学生们全都非常坚信,实验的结果绝对是不一样的。于是,在实验的时候,学生们让这两组大白鼠学习走迷宫,打算看看哪一组大白鼠学得更快。结果他们发现,"聪明"的那一组大白鼠要比"笨"的那一组学得快得多。

　　其实,这两组大白鼠根本就没有任何差别,主持实验的老师之所以那样告诉他们,是故意给了他们一个心理暗示,最后,就出现了这样的结果。

　　而罗森塔尔对这种结果的解释是:这有可能是由于实验者对"聪明"的动物和蔼友好,对待"笨"的动物粗暴而造成的。

　　另外一项实验中,罗森塔尔和自己的同事,要求教师们对他们所教的学生进行智力测验。然后,他们就告诉教师们说,班上有些学生是属于大器晚成的类型。然后,就把这些学生的名字列在一张纸上,交给老师。最后,罗森塔尔告诉老师说,这些学生的学习成绩完全可以得到改善。

　　自从罗森塔尔宣布大器晚成者的名单之后,罗森塔尔就再也没有和这些学生接触过,而老师们也都没有再提起过这件事。

　　事实上,所谓的这些大器晚成者的名单,只不过是罗森塔尔从一个班级的学生中随机挑选出来的,他们与班上其他学生没有显著不同。

然而,当学期结束的时候,罗森塔尔再次对这些学生进行智力测验时,惊奇地发现,他们的成绩显著优于第一次测得的结果。

这种结局到底是怎样造成的呢?罗森塔尔觉得,这可能是因为老师们认为这些大器晚成的学生,开始崭露头角,予以特别照顾和关怀,从而使得他们的成绩得以改善。

为什么会发生这样的情况呢?用心理学的术语来说就是因为人们的头脑中事先就存在着一种定势,定势也可以说是一种心向,是指在对某一刺激发生反应以前,就已经存在的某种意向。

就像我们听到别人讲某人对自己有意见,即便有可能是别人在说谎,但是,我们见到某人时,总会有很不自然的感觉。或有人告诉你说某个人特别爱挑别人讲话的毛病,那么,在你见到某人时讲话就肯定不会像平时那么流利了。

其原因,就是它们事先已经在你的脑袋中形成了一种定势,由于这种定势的存在,使得你的反应和平时大不一样,这也是信任和期望心理的共鸣现象。

曾有人说,阻碍我们学习、发展的不是我们未知的领域,而是我们已学过的东西。因为,人的年龄愈大,学识愈丰富,受的影响可能更大些。从小到大,我们从无知到有知,学习无数规则、无数定理,因此,这些规则和定理已经扎根于我们的"潜意识"之中,而我们并不知觉。

其实,规则的作用就是要让我们去打破的。那么,如何破除心理定势呢?

1. 从自身入手,列出"我不能"、"我做不到"等一些想法。再找一找自己认为"理所当然"的东西。

2. 找到这些想法后,先要想一想它们的依据是什么?接着,再问自己,这里有没有必然的联系?最后,明确自己没有做到的原因不是自己没能力,而是自己"认为"自己不能,是这种定势的观念影响了自己。

3. 有些事人们之所以不去做,只是认为不可能,而许多的不可能,只存在于人们的想象之中。打破心理定势,有时只需要去做就够了。

7. 过于快乐也是病

> "躁狂症"主要表现为轻松愉快,自我感觉良好,觉得周围的一切都非常美好,感到生活绚丽多彩,自己也无比幸福和快乐。然而,情绪很不稳定,易激怒,常以敌意或暴怒对待别人的干涉和反对,情绪持续时间短。

23岁的玛莉特是个漂亮的女孩,她每天都很快乐、热情、好动。只是和玛莉特接触久了的同事与朋友都会发觉她并非一般的热情好动,而是常常表现得很离谱……

记得那次公司组织的旅行,玛莉特和几位同事在一个组,一起爬那座山。从出发开始到山上,玛莉特一直没有停止说话,说不清为了什么,玛莉特只觉得一直说话很愉快,但翻来覆去就一个话题,就是出发前一个同事偶然说起的一个笑话。玛莉特说了一遍又一遍,同学们用奇怪的眼神看她,她依然我行我素。

在山上,玛莉特还是不停地说,她很兴奋,甚至对着蓝天喊了一声:"啊,多么好的太阳呀。"离她不远的地方也有几个一起爬山的同事,都转过身来看她,其中有一个人就说了一句"神经病"。心情骤变的玛莉特跑过去,指着他们几个:"你们说谁呢?你们才有病。"并拿起手上的饮料向他们砸去。一位同事赶快走过去把她拉开了,从好心情到坏心情,那种突然转变的落差,让玛莉特觉得很难受,她低下头来,没有再说话。

那一整天的时间,玛莉特都沉浸在一种莫名的抑郁之中,同事们说的笑话,玛莉特也提不起兴趣。

玛莉特总是这样,将兴奋与沉默表现

到某种极限,别人开玩笑说她是要么是爆发,要么是死亡。而且,在她沉默的时候,对任何人都是一副冷冷的面孔。

玛莉特可以为一件小事兴奋半天的时间,不时地将话题延伸到事情以外的地方或与此相关的经典事情上,说起来没完没了,滔滔不绝,但在别人听来,都觉得是一些很肤浅很无聊的东西。而且,她在很多时候,会为了一句话或是一个不起眼的小细节而发火,那种火气,像是积了多天的怨恨一样大,所以,身边的人对她都是小心翼翼的,暗地里对自己说:"这样的女孩子,还是躲开为妙。"

当然,玛莉特从来不觉得自己有病,反而觉得这样挺快乐的,可别人为什么总是在背后说她有病,难道自己真的病了吗?我表现自己的快乐,难道这样也错了吗?

玛莉特的这种症状在临床上被称为躁狂症,躁狂症主要表现为"三高"症状:

一是情绪高:患者会持续地兴奋、高兴,心情洋溢着节日般的色彩,世界在他眼中格外美好,简直没有什么事情可以让他不高兴。

第二是言语"高":患者口若悬河,夸夸其谈,通常他们会不厌其烦地大肆吹嘘炫耀自己,例如说自己多么有钱、事业飞黄腾达、有多少人追求、办任何事都难不倒自己等,即使别人不理他也影响不了他的热情。

第三是动作"高":患者往往精力充沛,不知疲乏,每天只睡两三个小时,白天都毫无倦意,性需要和行为增多,或者突然不停地逛街,乱花钱,买一大堆没用的东西送给别人。但是做任何事情都没有长久性,给人以浮躁、不踏实的感觉。

在与躁狂症病人接触、交谈时,态度要和蔼、亲切、耐心;对话多的病人,不要试图说服他,避免和他过多的交谈或争论,更不能因病人有夸大言语而讽刺、嘲笑他。病人话特别多时,可采用引导、转移注意力的方法,如提醒他时间不早了,该休息或吃饭了,还有其他工作改天再谈等等,这些都是病人一般能够接受的。

8. 带走100个亡灵

> 恐惧、焦虑、抑郁、嫉妒、敌意、冲动等负面情绪,会导致身心疾病的发生。

傍晚,一位老人从外面回来,就在他马上就要走进小镇的时候,突然发现远处有位非常高大的人站在那里。于是,老人走上前去,问道:"先生,我是本镇的镇长,为了人们的安全,你能告诉我你从哪里来,要做什么吗?"

"当然可以!"大高个儿恭敬地对老人说道:"我是死神,来自地狱,我来这里是为了带走即将死去的100个亡灵。"

"啊!这简直是太可怕了!"老人吃惊地看着这位自称死神的大高个儿,说:"既然你知道他们有难,为何不伸出你的援助之手呢?而站在这里等着、看着这些可怜的人们步入死亡?"

"请你先不要生气。这就是我的工作。况且,你能阻止田地里马上就要成熟的庄稼,或果树上马上就要成熟的果子吗?"死神顿了顿说:"我不伸出自己的援助之手,是因为我是死神,而不是天使。就像男人绝对不能生出小孩一样!所以,这完全是不可能的事情。"

老人看无法改变,便告别了死神,赶快跑回了小镇里。挨家挨户地提醒大家,无论做什么事情全部都要小心翼翼、尽量别出意外。死神在外面等着要带走100个亡灵呢!

老镇长的一席话,立刻激起轩然大波,整个镇子全都陷入了深深的恐惧之中。每个人都在想:"天啊!死神要带走100个亡灵,其中有没有自己呢?如果真的有自己,那该怎么办呢?"

老镇长的家里坐满了人,全都商讨应该怎么来面对和解决这个问题。结果,讨

17

论了很长时间，依旧没有任何结果。没办法，于是，所有的人全都心事重重地回去了。

这一夜，整个小镇的气氛非常紧张，人们全都在惊恐害怕、焦虑无望中度过。

第二天早上，老镇长非常生气，他怒气冲冲地来到镇外，寻找死神的踪影。他来到和死神相遇的地方，大声怒吼着："死神，你给我出来，你为什么不守信用？"

死神现身了，他平静地对老镇长说："尊敬的镇长，我非常理解你的心情，但是，我也明确地告诉你，我从来都是非常守信用的。"

"你守信用？你昨天告诉我说你要带走100个亡灵，可现在呢？整整死了一千多人！"老人怒斥道："难道这就是你的守信之道吗？"

的确，在天刚亮的时候，噩耗便一个接一个地传来，这里死了几个、那里死了多少的资料传到老镇长手中，经过汇总，老人震怒了，竟然死了一千多人，于是他就来找死神讨个公道。

死神看了看老人，依旧平静地说："我带走的数目，也就是我昨天给你说的，这你不用怀疑。然而，由于那些人的过度恐惧，所以，他们被恐惧和焦虑带走了。"

恐惧和焦虑可以起到和死神一样的作用，这就是"情绪效应"，往往在面临特殊的心理压力后引发内在的心理冲突而导致相关精神症状。

实际上，在我们的生活中，这样的效应每天都在发生，只不过我们已经习以为常。然而，恐惧、焦虑、抑郁、嫉妒、敌意、冲动等这些负面情绪，是一种破坏性的情感，长期被这些心理问题困扰就会导致身心疾病的发生。

焦虑指个体为一种非特异的、不可确定的因素所困扰，感到莫名的烦恼。主要表现为忧愁、悲观和感到生存无价值；紧张、易激动；心神不定，对人不信任，有不安全感；坐立不安，注意力不能集中，思维与表达中断；睡眠过多或过少，多梦易醒，失眠。

喜、怒、哀、乐、怕……各种各样的情绪伴随着我们的一生。情绪和健康之间的关系非常密切，适当调节情绪对身体健康是至关重要的。良好的情绪是健康的良方，而消极情绪则会起到和死神一样的作用。

良好的情绪是一种最有助于健康的力量。当人精神愉快时，中枢神经系统兴奋，指挥作用加强，人体内进行正常的消化、吸收、分泌和排泄的调整，保持着旺盛的新陈代谢。因此，不仅食欲好，睡眠香，而且头脑敏锐，精力充沛。早在20世纪初，有研究者对修女进行了研究，发现年轻时具有积极乐观心态的修女寿命比较长。我国有的研究者对四川省372名百岁老人进行了调查，发现有98%的寿星具有开朗乐观的性格。另一方面，良好情绪还具有明显的"医疗价值"。医生有这样的经验：胜利者的伤口，总是要比失败者的伤口好得快；没有精神负担的病人，要比有精神负担的痊愈得快。

　　相反,现代医学研究发现,恐惧、焦虑等消极情绪则对健康有着非常不利的影响。长期的忧郁、恐惧、悲伤、嫉妒、愤怒和紧张会导致一些"心生疾病",即由心理状态引发的疾病,如高血压、冠心病、精神病、哮喘、慢性胃炎、青光眼、癌症等等,妇女还容易引起月经不调,甚至闭经。医学研究表明70％以上的胃肠疾病与情绪变化有密切关系,心理性因素引起的头痛在各种头痛患者中占80％到90％。

小知识:

　　卡特尔,雷蒙德 B·(1905～1998)

　　美国杰出的心理学家。卡特尔最突出的贡献在于将因素分析的统计方法应用于人格心理学的研究。他编写的《卡特尔十六项个性因素测验》是世界公认的最具权威的个性测验方法,在临床医学中被广泛应用于心理障碍、行为障碍、心身疾病的个性特征的研究,对人才选拔和培养也很有参考价值。

　　代表作有:《多元实验心理学手册》、《人格研究导论》等。

9. 哈哈镜下的"苗条病"

> 神经性厌食症,主要由精神因素引起进食障碍,是一种以有意识地控制饮食和体重明显减轻为主要特征的心理疾病。神经性厌食症多发生于青春期,所以又称之为青春期厌食症。

2005年夏天的一天凌晨,北京世纪坛医院急诊楼,一群医生围着一个女孩,不停地为她做心脏复苏。急诊科大夫说,刚看到这个女孩时,他们都倒吸一口气。据大夫说,女孩的大腿只有成人的小臂粗,手臂只有两根手指并在一起那么粗。这个女孩最终还是没有逃离死神的魔掌,医生说,她的死因是饥饿过度导致身体各脏器衰竭。

"饿死"的女孩名叫曾依,15岁,湖南岳阳人,岳阳四中的学生,曾是班长兼学习委员,成绩优异。曾依的三姑曾金凤说,曾依从小就能歌善舞,还曾获岳阳市三好学生。她喜欢唱歌,经常在家里唱卡拉OK。2004年,她迷上了湖南卫视的"超级女声"节目,每场必看。2005年6月间,她还曾向父母表示,自己要参加明年的"超级女声"节目。

此后,曾依开始注意自己的形象。那时,身高1.55米的她体重44公斤,可曾依认为"不符合标准"。2005年4月起,曾依开始控制食量。曾金凤说,曾依决定减肥后,食量越来越小,到最后干脆不吃东西,即使吃了也会马上到厕所用手抠喉咙将食物吐出。很快,她就骨瘦如柴。4月11日,曾依的父亲曾勇带着女儿从岳阳赶到长沙求医。经专家会诊,确定曾依患有神经性厌食症。随后,曾依住进了医院精神科。经过治疗,她的病情有所好转,又被父母接回家中。

9. 哈哈镜下的"苗条病"

"回到家后,她心情就一直不好,不愿说话。"曾金凤说,因曾依对父母将她送医院一事耿耿于怀,7月12日,她将曾依接到自己家中。曾金凤说,曾依在她家里表现得很乖。每次吃饭,她都给曾依盛一勺饭,曾依全部都吃完。

曾依的生日在五姑家过。席间,大家开始劝曾依回医院接受治疗。曾依没说话。可第二天早上,五姑在客厅桌上发现一张纸条:"姑姑,我下去玩一下,等会就上来。"此后,曾依再没回家。曾依的父亲开始四处寻找,然而一直没有曾依的任何消息。

8月21日下午,曾依的姥姥突然接到一个电话。电话里,曾依有气无力地告诉姥姥,她在北京,并希望家人到北京"救"她。亲戚们很快联系到了他们在北京的朋友肖先生。肖先生赶到西站时,发现一群人围在一起。警察已经赶到了现场,还有医护人员。他挤进人群,发现一个女孩躺在地上,于是上前问她是不是曾依,女孩吃力地点了点头。随后,曾依被送入北京世纪坛医院。而曾依的父母得知消息后,立刻乘火车赶往北京。曾依的父母赶到医院后,见到的是曾依的遗体。曾依的母亲拿着女儿生前背的小包发呆。此前,她因伤心过度,多次哭昏过去。曾依的背包里放着一个蓝色的日记本。曾依的三姑打开日记本,上面还有一篇曾依7月间写的日记:"我要好好努力,要争取做一个健康的好女孩……"

神经性厌食是一种进食障碍,多见于青年女性,尤其是少女。患者对自身形体的感知发生了扭曲,总感到自己太胖、腿太粗、臀部太大……即使自身已相当消瘦,仍是固执己见,丝毫听不进旁人的劝说。她们几乎对任何食物都缺乏食欲,尤其是对营养丰富的食物如肉类、乳制品等更是厌恶,而只愿吃一些不至于使她"发胖"的食物如水果、青菜等。有的患者在进食之后,还会随自己的意愿将所吃的东西吐出来。还有的患者长期服用缓泻剂,将肠胃中的食物尽量多地排出体外。由于长期的营养缺乏,她们逐渐消瘦,无月经来潮,性欲减退或消失。

神经性厌食多发生于比较富裕的社会,患者也往往是一些品学兼优的青年人,人们在吃穿不愁之后才有心思注意自己的体态形象,而这种体态美丑的观念和标准又受社会风气的影响。如英国著名歌手卡伦·卡朋特,就是在媒体指出她体形微胖之后,患上神经性厌食症,最后英年早逝的。对于儿童和青少年来说,环境改变、父母不和睦、学习上遇到挫折、父母过分溺爱、过分严厉等,都可造成此种症状。

神经性厌食症的治疗要结合生理和心理两方面共同努力。一方面,使用相应的药物进行神经调节,另一方面要耐心找出患者患病的心理原因,使用认知调节等方法进行矫正。

10. 约翰·法伯的跟屁虫实验

> 毛毛虫习惯于固守原有的本能、习惯、先例和经验,无法破除尾随习惯而转向去觅食。后来,科学家把这种喜欢跟着前面的路线走的习惯称之为"跟随者"的习惯,也把因跟随而导致失败的现象称为"毛毛虫效应"。

在法国,心理学专家约翰·法伯做过一个很有名的"毛毛虫实验"。他在一个花盆的边缘上摆放一些毛毛虫,让它们首尾相接围成一个圈,然后,又在距离花盆周围150毫米的地方撒了一些它们最喜欢吃的松针。由于这些虫子天生有一种"跟随他人"的习性,因此它们一只跟着一只,绕着花盆边一圈一圈地行走。时间慢慢过去,一分钟、一小时、一天……毛毛虫就这样固执地兜圈子。在连续七天七夜之后,它们饥饿难当,筋疲力尽,结果全部死亡。

在第二次实验中,约翰·法伯和学生们一起,打算引诱其中的一只毛毛虫。希望它能改变自己的运行轨道,走出一条生路。然而无论怎样诱惑,毛毛虫依旧死死地跟着前面的毛毛虫,不受任何诱惑。最后,约翰·法伯干脆把其中的一只毛毛虫拿开,这样一来,使得以前的环形出现了一个缺口,结果,缺口中的第一只毛毛虫看不到前面的同类,于是就改变了方向,自动离开了花盆边缘。而它的这一改变,不仅使得那些毛毛虫全部获救,而且,还都找到了自己最喜欢吃的松针。

法伯教授在做这个实验前曾经设想毛毛虫会很快厌倦这种毫无意义的绕圈而转向它们比较爱吃的食物,然而,遗憾的是毛毛虫并没有这样做。导致这种悲剧的原因就在于毛毛虫的盲从,在于毛毛虫总习惯于固守原有的本能、习惯、先例和经验。其实,如果有一个毛毛虫能够破除尾随的习惯而转向去觅食,就完全可以避免悲剧的发生。虫子是低级动物,犯下此错并不可笑。可悲的是,在人类这高级动物的身上,从众心理或是随大流还比较普遍。

其实,人类也难逃这种效应的影响。比如说,在进行工作、学习和日常生活的过程中,对于那些"轻车熟路"的问题,会下意识地重复一些现成的思考过程和行为方式，因此很容易产生思想上的惯性，也就是不由自主地依靠既有的经验，按固定思路去考虑问题，不愿意转个方向、换个角度想问题。

　　根据众人的反应来进行决策是一种比较安全的策略，如果决策失误也不用单独承担责任。但是盲目的从众就会引发很多的问题。人们往往觉得"大家都那样做"和"大家都认为应该那样做"，于是就放弃了自己的主见，遵循既定的方法和步骤，跟着大家绕圈子。

　　要知道，时代在不断变化和发展，我们自己也在不断地成长和发展，对于任何问题的解决不能禁锢于以往的僵化模式，而要不断地创新和与时俱进，从而能够适应时代变化以及自身发展的需求。

小知识：

巴甫洛夫，伊凡·彼德罗维奇（1849～1936）

　　俄国生理学家、心理学家、高级神经活动学说的创始人。1849年9月14日出生于梁赞的一个牧师家庭，1904年因消化腺生理学研究的卓越贡献而获诺贝尔奖。他一生最突出的贡献是关于高级神经活动的研究。他是用条件反射方法对动物和人的高级神经活动进行客观实验研究的创始人，也是现代唯物主义高级神经活动学说的创立者。

11. 农场主拉选票

> 自我失败的思维模式是指有些人在准备去做某件事情之前,自我设想出许多可能遇到的困难和障碍,并被这种困难和障碍所吓倒,从而感到忧虑和恐惧,似乎必然失败,于是总想回避。这是由个人主观心理活动所造成的失败感。

韦斯利是美国加利福尼亚州的一个农场主,在当地小有名气。于是,在家人和朋友的鼓励下,他打算竞选加州议员。既然要参加竞选,那么,拉选票则是非常必要的了。为此,他和家人整日奔忙,希望能够多拉一些选票。

一天晚上,韦斯利开着车在漆黑偏僻的公路上奔驰着,现在他打算到他最不愿意去的雅恩家去拉选票。以前,他和雅恩本来是无话不谈的好朋友,然而,却因为一件小事儿,使得两人断交。至今,两人已经有三年多没有说话了。其实,两人心里早就已经没有了仇恨,但却都碍于面子,所以,谁都不去主动言和。现在,韦斯利为了取得更多人的支持,就想起了这位老友。

一路上,韦斯利都在想着他们见面之后会聊些什么。等到快来到雅恩家时,韦斯利突然想到一些问题:

"如果他不在家里,他的夫人会不会对我很不客气?"

"要是他看到是我,根本就不理睬,连门都不开怎么办?"

"如果他对我冷嘲热讽,很不礼貌怎么办?"

11. 农场主拉选票

"如果他知道我要参加竞选,不但不支持我,反而拉起好多人打击我怎么办?"……

韦斯利一边开着车,一边顺着这个思路想了下去,结果,他越想越生气,越想越觉得这个雅恩简直太让人讨厌了,自己从这么远的地方来找他,他竟然一点面子都不给自己。

终于到了,他怒气冲冲地打开车门,手里拿着工具箱里的扳手。冲到了雅恩家门口,用扳手使劲地敲打铁门。结果,铁门被他砸得坑坑洼洼。雅恩听到有人砸门,也就顺手抄起了一根木棒冲了出来。等雅恩打开门一看,砸自己家大门的竟然是韦斯利。他感到非常不解,站在那里看着韦斯利,看他到底想干什么。

韦斯利看门打开了,雅恩站在门口,手里拿着木棒,眼睛死死地盯着自己。火就更加冲了,他指着雅恩,劈头盖脸地就是一句:"还拿着木棒出来,有什么了不起的?告诉你,老子根本就不稀罕你家的破选票。"说完,骂骂咧咧地转身开车走了。

结果,弄得雅恩摸不着头脑,以为韦斯利这次来自己家,根本就是没忘旧仇,现在故意来捣乱的,不过,他也不忍心用木棒和他打架,于是,他"砰"的一声就把门给关上了。

生活中,也有许多人会对自己做出一系列不利的推想,结果就真的把自己置于不利的境地。就像我们在做一件事前,经常对自己说:"可能不行吧……"其结果,就是可能还没去做,就没有信心了,事情十有八九就会朝着设想的不利方向发展。

事实上,是一种叫做"自我失败"的心理思维模式在作祟。韦斯利不断地进行自我否定,他实际上已经对拉选票失去了信心,认为雅恩根本不支持自己当议员。因此,等到了人家门口,就情不自禁地破口大骂了。

自我失败的心理误区主要有如下几个方面:(1)过分计较他人的评价。(2)具有强烈的自我意识和荣誉感,实质上是虚荣心。(3)缺乏交往的自信心。陷入自我挫败的人,多习惯于内心活动,不擅长表达自己,尤其不愿在公众场合抛头露面,较少参加社会交际活动等。

要从自我挫败的误区中解脱出来,关键是保持心理上的健康与平衡。首先要对自己的优点和不足有一个正确、全面的认识和分析,在此基础上正确地接受自我,即认可和肯定本来的自己。那些不能自我接受的人,往往不能如实地表现自己,而是竭力把自己装扮成另外一个形象,影响了自己的正常交往,带来了沉重的心理负担。此外,做事之前先计划成功的步骤,并对失败做最坏的打算,从好处着眼,从坏处准备,才能立于不败之地。最后,就是自我鼓励。鼓励自己同困难和痛苦作斗争,摆脱对自我虚构的失败情境的想象,解除由想象中的挫折而产生的不良情绪的困扰,振作精神,恢复乐观。

12. 让人胆战的桥

> 在这个世界上，成功的人少而失败的人多。失败者往往抱怨命运的不公，却忘记了检讨自己的弱点，特点是心理上的种种缺陷。错误的心态导致了机会的丧失，机会的丧失又导致了进一步的心态失衡，如此反复，恶性循环，致使失败一次次落在他的头上。

埃里希·弗洛姆是美国新弗洛伊德主义精神分析心理学家，是新弗洛伊德主义的最重要的理论家，法兰克福学派的重要成员。1922年在海德堡大学获得哲学博士学位。其主要著作有《逃避自由》、《寻找自我》等。

有一天早晨，他所教班级里的几个学生一起来到他的办公室，向他请教这样一个问题："心态对一个人会产生什么样的影响？"

当时他正在思考一个心理学上的问题，因此，他微笑着看了看这些学生，为他们的好学而感到高兴。不过，他好像并不急于回答这个问题。过了一会儿，他对这些学生们说："这样，同学们，我这里还有一点事情要处理，你们到外面等我一下好吗？"

过了一会儿，弗洛姆从里面出来了，不过，他并没有直接回答他们的问题，而是带着他们来到了一间黑暗的屋子里。

在他的带领下，几个学生很快穿过了这间伸手不见五指的神秘房间。然后，弗洛姆打开房间的一盏灯，在昏暗的灯光下，几位学生这才看清楚房间的所有布置，一看不打紧，吓得几位同学全都睁大眼睛，刷的一下全身都出了一身冷汗，一个个目瞪口呆地站在那里。

原来，这间房子的地面上有一个很深很大的水池，池子里面蠕动着各种各样的

12. 让人胆战的桥

毒蛇。他们几个人，刚刚就是从桥上走过来的，而现在也都站在距离池子不远的地方。此时，已经有几条毒蛇发现了他们，正使劲地往他们身边靠近，高高昂起的蛇头，正朝他们"滋滋"地吐着芯子。

弗洛姆看了看几位已经吓坏了的学生问道："现在，你们还愿意再次走过这座桥吗？"大家你看看我，我看看你，全都默不作声。

最后，在弗洛姆的注视下，终于有三个学生犹犹豫豫地站了出来。然而，在他们一到桥边，就立刻战战兢兢，如临大敌。

"啪"，弗洛姆又打开房间内的另外几盏灯，学生们揉揉眼睛再仔细看，才发现在小木桥的下方还装着一道安全网。

然后，弗洛姆大声问道："你们当中还有谁愿意现在就走过这座小桥的？"

学生们没有作声。"为什么不愿意呢？难道你们没有看到底下还有张安全网吗？"弗洛姆问道。

"当然看到那张安全网了，只不过，教授，请问您这张安全网的质量可靠吗？"学生心有余悸地反问。

其实，这座桥本来不难走，可是桥下的毒蛇对他们造成了心理威慑，于是，他们就失去了平静的心态，乱了方寸，慌了手脚，表现出各种程度的胆怯。这就是心态对一个人的影响。

心态就是内心的想法和外在的表现。心态只有两种，积极的和消极的。积极的心态，就是心灵的健康和营养。这样的心灵能吸引财富和成功。消极的心态，却是心灵的疾病和垃圾。这样的心灵，不仅排斥财富、成功、快乐和健康，甚至会夺走生活中已有的一切。

小知识：

艾里克森（1902～1994）

美国神经病学家，著名的发展心理学家和精神分析学家。他提出人格的社会心理发展理论，把心理的发展划分为八个阶段，指出每一阶段的特殊社会心理任务；并认为每一阶段都有一个特殊矛盾，矛盾的顺利解决是人格健康发展的前提。艾里克森因其人格发展理论而闻名。他认为，人格是一种独立的力量，是一种心理过程，是人的过去经验和现在经验的综合体，能够把个人的内部发展和社会发展综合起来，引导心理向合理的方向发展，决定着个人的命运。

13. 世界颠倒过来了

> 心理学是研究心理活动发生、发展规律的科学,以每一个人为研究对象,有人的地方就可以开展心理工作。透过适当的手段发现人类的心理规律,研究如何应用这些规律,加以预见、影响和控制。

　　1897年,就在桑代克及其他人开始转向动物实验学和行为主义心理学的时候,美国心理学家乔治·斯特拉顿进行了一项针对人类且显然带有认知性质的知觉实验。在一周的时间里,他戴着一种特殊的眼镜,带着这种眼镜看东西,世界上的一切都是颠倒的。

　　刚戴上这种眼镜的时候,他走动和拿东西时都非常困难,因此,好多时候,都需要他闭上眼睛,依靠触摸和记忆去拿一些东西和往一些地方走。可是,到第5天的时候,他已经能够自由地活动了。

　　大概过了7天时间,他感觉到事物就在他看见的地方,有时候,他觉得这些东西"就是正放着的,而不是倒过来的样子"。在一周的时间内,他就这样戴着眼镜。当第8天突然把眼镜摘掉的时候,一切都令人迷惑,因为眼前的世界让他有些头晕目眩。他去拿东西的时候,手却伸错了方向:他想向左走,却走到了右边……

　　经过大约半天的时间,他才又重新掌握了这些东西实际上在正常看起来的时候是在什么地方的。实验很明显地显示,空间知觉,至少在人类中,有些部分是透过学

13. 世界颠倒过来了

习得来的,因此可以重新学习。

斯特拉顿的这些发现虽然令人惊讶,可是,在20世纪初期却没有引起心理学界的关注,也没有任何人去欣赏斯特拉顿的工作,几乎也不存在认知性的知觉研究。到了20世纪40年代,一些认同这些理论的心理学家才在知觉问题上采取与心理学和心理物理学完全不同的方式展开研究。

在美国和其他一些地方,有些人重新发现了斯特拉顿的工作,并进行了新的视觉——扭曲实验。1951年,奥地利心理学家依沃·科勒尔说服志愿者花50天的时间透过棱镜眼罩看世界。这种眼罩可使他们的视野向右偏转10度左右,并使垂直线稍有弯曲。

刚开始的时候,他的这些受试者在几天的时间里感觉到世界很不稳定,走路和做一些简单的事情也有困难,然而,这种情况并没有维持多久,在大约10天之后,大部分东西在他们看来都恢复正常了,又过了几星期之后,一位志愿者甚至可以溜冰了。跟斯特拉顿的感觉一样,在他们取下眼罩后感觉到方向不明,不过,后来还是迅速恢复了正常。

> **小知识:**
> **詹姆斯(1842~1910)**
> 美国心理学家和哲学家,美国机能主义心理学和实用主义哲学的先驱,美国心理学会的创始人之一。1875年,建立美国第一个心理学实验室。1904年当选为美国心理学会主席,1906年当选为美国国家科学院院士。
> 主要心理学著作包括:《心理学简编》(1892)、《对教师讲心理学》(1899)、《宗教经验之种种》(1901~1902)。

14. 后羿射箭

> 如果一个人缺乏较好的心理素质,即使在平时表现得多么出色,在最后也终将失败!

夏朝的后羿是一位非常有名的神箭手。他练就了一身百步穿杨的好本领,立射、跪射、骑射等样样精通,几乎从来没有失过手。

他的名气越来越大,最后,夏王也知道了后羿有这么高超的本领。有一天,夏王想把后羿召入宫中,见识一下他那炉火纯青的射技。

于是,夏王就派人把后羿带到御花园,在里面找了一个开阔的地方,然后叫人拿来了一块一尺见方、靶心直径大约一寸的兽皮箭靶摆放在远处。夏王用手指着箭靶说道:"你看着,远处的那个箭靶就是你的目标。如果射中了的话,我就赏赐给你黄金万镒;如果射不中的话,那我就要削减你的封地。"

后羿听了之后,面色变得凝重起来,看着远处一尺见方的靶心,想着即将到手的万两黄金或即将失去的封邑,心潮起伏,难以平静。平时根本不拿这么远的距离当回事儿的他,露出了紧张的表情。

他拖着沉重的脚步,慢慢走到离箭靶一百步的地方,然后取出一支箭搭上弓弦,摆好姿势拉开弓开始瞄准。

这时候,后羿的呼吸变得急促起来,脑袋混乱地想着自己这一箭射出去之后的两种结果,拉弓的手也微微发抖,瞄了几次都没有把箭射出去。最后,后羿一咬牙松开了弦,箭应声而出,"啪"地一下钉在离靶心足有几寸远的地方。后羿脸色一下子白了,然后,他再次弯弓搭箭,但精神更加不集中了,而且,射出的箭距离靶心更远了。

没办法,后羿只好收拾弓箭,沮丧地回去了。而夏王在失望的同时也不禁有些疑惑,就问身边的人说:"为什么平时后羿的水平那么高,而今天却成了这样呢?"

这时候,旁边的大臣解释说:"后羿平时射箭,只不过是一般练习,那时候,他心

14. 后羿射箭

态很好,水平自然可以正常发挥。但是,今天他射出的箭却直接关系到他的切身利益,因此,他根本无法静下心来施展技术,那么,他又怎么能射得好呢?"

本来完全可以受到奖励的后羿,就是因为心理负担过重而大失水准,最终导致失败。在心理学上分析,把这种情况归因于"约翰逊效应"。

"约翰逊效应"得名于一位名叫约翰逊的运动员。他平时训练有素,实力雄厚,但在体育赛场上却连连失利。人们借此把那种平时表现良好,但由于缺乏应有的心理素质而导致竞技场上失败的现象称为"约翰逊效应"。

在日常生活中,有些名列前茅的学生在高考中屡屡失利,有些实力相当强的运动员却在赛场上发挥失常,饮恨败北等等。细细听来,"实力雄厚"与"赛场失误"之间的唯一解释只能是心理素质问题,主要原因是得失心过重和自信心不足。也正是因为这些人平时卓然出众,从而,给自己造成一种心理定势:只能成功不能失败,使得其患得患失的心理加剧,心理包袱过重。试想,有如此强烈的得失心理在困扰着自己,又如何能发挥出应有的水平呢?因此,要走出"约翰逊效应"的怪圈,必须保持一颗平常心,主动去克服对失败的恐惧。

小知识:

华生(1878~1958)

美国心理学家,行为主义心理学的创始人。他认为心理学研究的对象不是意识而是行为,心理学的研究方法必须抛弃"内省法",而代之以自然科学常用的实验法和观察法。华生在使心理学客观化方面发挥了巨大的作用。1915年当选为美国心理学会主席。

15. 害怕英俊男孩的女生

> 心理学家说:"没有一个女孩不想扮演成为好女孩,也没有一个好女孩不将自己放纵于可怕的性妄想与性欲念之中。"

"白马王子"是无数女生梦寐以求的。然而,对安妮来说,却成了自己的噩梦。那时候,她正在上初中三年级,就在她全身心投入到初三的总复习最后阶段,偶然一次,她发觉自己的眼睛好像有什么问题似的,总是害怕正视异性,而且眼光中充满了轻浮。此后,她一直害怕与男性对视。

她凭着自己的顽强毅力,考上了重点高中。她当时充满了信心,觉得自己完全有可能在努力学习中逐渐克服自己的眼睛,可以正视任何人。

然而,过了很长一段时间,情况却一点也没有改变。每当她不小心用那种眼光直视别人时,都这样安慰自己:这不关我的事,请不要怪我。别的我还能做什么呢?我已经够努力了,够辛苦了,够劳累了。

在课堂上,她都是一边使自己集中精神听课,一边尽量避开老师的视线,特别是在男老师讲课时。

因为这种神态引起很多人的误解,包括她的老师。这位老师夫妻感情不好,由于她目光的轻浮,使得老师对她总有些特别关心。其实,她根本不是有意要这样做的。

有一次,她的目光又引起了一位男孩的误会。其实,她也尽量克制自己了,可是她实在受不住英俊的男孩的诱惑,使得成绩直线下降。同学嘲讽,老师责怪,家长失望,都让她痛苦万分,那时她才真正体会到生不如死的滋味。更让她难受的是那男孩的得意,因为安妮一直没向人屈服过,如今终于拜倒在他的脚下,他得意极了!每当傍晚,安妮一人枯坐教室里,心很痛,头很痛,情感很痛。

在考大学之前,安妮撕掉了所有的日记,毁掉了能唤起她回忆的一切东西,开始调整自己的心态。于是,她成了班里最好的学生。可是那个男孩又开始骚扰她

15. 害怕英俊男孩的女生

了。她尽力克制，尽量抵制，自以为能战胜诱惑，但是还是失败了。安妮恨透了那个男孩，也恨死了她那双总是背叛自己的眼睛！

"活着真好。"每当安妮听到别人这么说的时候，总是这样固执地想着："我还是觉得死去比较好！"

异性恐惧是一种心理倒错，安妮恐惧的不是外在的性对象，而是自己内心的性妄想。这种倒错首先从视线中表露出来。她的感觉、她的眼睛、她的焦虑，与其说是男人对她的误解，不如说是她自己对男人的误解，是想象的事实而不是真实的事实。这就是青春期女孩的妄想带来的感觉倒错。

异性恐惧症激化于对性妄想的压抑。女孩的精神压迫感来自对强加于自我压抑的厌倦。心理学家们说没有一个女孩不想扮演成为好女孩，也没有一个好女孩不将自己放纵于可怕的性妄想与性欲念之中。隐瞒别人，隐瞒自己，正如女孩在同性面前也不肯脱光衣服。女孩最害怕被别人看到赤裸的心灵，害怕展示自己心里的秘密。弗洛伊德说过女孩在悔恨与羞耻中转变成女人。过度的性压抑就是精神病之源。

小知识：

海布（1904～1985）

加拿大心理学家，提出细胞联合理论来解释知觉及在大量脑组织损伤条件下仍能保持一定智力水平的现象。他强调早期经验对智力发展的重要性，以及正常环境刺激是保持心理健康的重要因素。1960年当选为美国心理学会主席，1961年获美国心理学会颁发的杰出科学贡献奖，1979年当选为国家科学院院士。

异性恐惧症总是爆发在女孩性成熟的14至17岁这一年龄段。这一年龄段同时也是关系女孩前途命运的上学和升学最紧张的时期。害怕有关性的妄想，害怕这类妄想影响自己的前途和命运，极度压抑、全力抵制自己成熟的性本能，就是这一年龄段要强的女孩的沉重的精神负担。

16. 小牛仔的洗手之谜

> 手淫者不能以正常的方式解决性需求问题，导致产生低人一等的自卑感，无法与别人沟通，心中产生难以排解的闭锁感。这是一种以不良心理感受为特征的"手淫后效应"。

达恩优异的学习成绩一直是全家人的骄傲。从小学到初中一年级，他都是在掌声中度过的。然而，自从进入初中二年级之后，情况就发生了变化，他经常为一些莫名其妙的小事与同学发生争执，有两次居然动手打起来。上课的时候很难集中精神，因此，他的学习成绩每况愈下，甚至有些科目竟然亮起了红灯。

老师发现这一情况之后，觉得这个小牛仔在生活中一定遇到了什么，或者是心里有了某种障碍。

于是，老师就联系了他的家人，并与之进行了一次长谈。从他母亲那里了解到他父母关系融洽，每个人都像以前一样爱护和在意他。不过，最近也不知道究竟为什么，他每次回家之后，显得少言寡语。而他以前不仅喜欢说话，还非常喜欢演讲，每次演讲都能获得大家的掌声。

母亲曾问过无数次，但是，他从来都不说。而且，现在还有一个异常情况，那就是他以前并不怎么讲究卫生，但是现在，好像完全是另外一个人似的，经常洗手，一天能够洗无数次，有时候，频繁得让人不解。

"看来真有问题了！"老师回到办公室之后决定和达恩谈谈。于是，到中午的时候，老师把达恩叫进了办公室。在等达恩坐下之后，老师问道："我最近和你妈妈谈到了你，听她说，你最近经常反复地洗手，你能告诉我这是为什么吗？"达恩疑惑不解地看着老师道："老师，这好像是我的私事，难道你连我洗手都要管吗？"

"不，当然不！"老师和蔼地解释道："你知道吗？这段时间看着你的成绩直线下降，老师，还有你的家人，都感到非常难过和担忧。老师只想尽快帮你找到原因，然后，我们一起去克服它。"

16. 小牛仔的洗手之谜

达恩低下头，犹豫了很久，最后轻轻地说："我就是觉得手很脏。"

"哦！那你肯定是碰了你觉得脏的东西了。"老师在说"你觉得"的时候，特意加重了语气，他想暗示达恩，自己觉得脏的东西，未必就是真正的脏东西，有时候，只是认知上的偏差罢了。接着，老师继续说道："反复洗手是个心理障碍问题，它会影响到你的学习和心情，因此，最好把它改掉。"老师还告诉达恩，如果需要自己的帮助，他会像对待自己的孩子一样，不遗余力。

过了几天，达恩主动找到了老师，告诉他自己反复洗手主要是因为"手淫"所致，觉得自己很低贱、很下流，于是就总想通过洗手去掉肮脏感。但是，水只能洗掉手上的脏物，却洗不去内心的负罪感。因此，一回到家里，心情更加沉重，就一次次洗手。上课也打不起精神，老想着就这么堕落了，心有不甘，但又像着魔了一样，越是苦闷就越是手淫，然后又越觉得自己肮脏，就更加频繁地洗手，成天就像生活在地狱里。

美国著名性医学权威马斯特斯教授研究证明：男性一次达到性高潮的手淫，与一次完整的性交对身体的影响无显著差异。换言之，如若不是"手淫有害"的错误观念作祟，根本不会产生手淫后的心理问题。

其实，男孩到了青春发育期，由于睾丸不断分泌雄性激素，便出现一系列的男性特征，肌肉发达、阴毛变粗变黑，同时，也产生了对性的兴奋感。有些人就会情不自禁地玩弄起外生殖器来，在好奇中悄悄地开始了手淫，以满足自身的性要求。

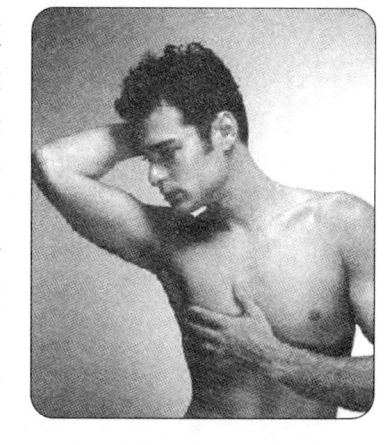

应该说男性性自慰是一种较为普遍的现象。性发育成熟的男性，如果没有规律的性生活使心理上生理上的性能量得到正常发泄，就会透过手淫或梦遗等性行为方式进行发泄，这种生理行为无可非议。但由于大多数青年缺乏必要的性知识，认为精液是人之"精华"，流失了就会"未老先衰"，因而惶惶不可终日，还有些青年则由于羞愧和内疚的心理，而给自己背上了沉重的思想负担。手淫本身对身体的危害是微乎其微的，而对心理上的危害超过生理的影响。

17. 跳蚤实验和自我放弃的狗

> 习得性无助指个体经历了某种学习后，在情感、认知和行为上表现出消极的特殊的心理状态，表现在形成自我无能的策略，对于任务，哪怕自己有能力能够完成，也在尝试之前自我放弃。

心理学家曾经做过一个有趣的实验：将一只跳蚤放进没有盖子的杯子内，结果，跳蚤轻而易举地跳出杯子。紧接着，心理学家用一块玻璃盖住杯子，于是，跳蚤每次往上跳时，都因撞到这块玻璃而跳不出去。不久，心理学家把这块玻璃拿掉，结果，跳蚤再也不愿意跳了，即使跳，跳的高度也谨慎地和玻璃盖处保持着一段"安全距离"。

我们的生活中，也有很多人像上文提到的跳蚤一样，经过一段时间的努力而没有达到预定目标时，便灰心丧气，自我放弃。因为无法避免的挫折已经让他们形成了"习得性无助"。"习得性无助"这个术语缘自美国心理学家塞利格曼做的一个经典实验：塞利格曼先把狗关在笼子里，只要蜂音器一响，就给狗以电击，狗遭受电击之后，狂吠不已，并且四处冲撞笼子，希望能够逃离；这个实验重复多次后，蜂音器一响，狗就不可避免地受到电击，躲也没有地方可以躲，后来，当蜂音器响的时候，狗干脆趴下来，"心甘情愿"地等待电击。后来，实验者在给电击前，先把笼门打开，此时狗不但不逃而且是不等电击出现就卧倒在地开始呻吟和颤抖——本来可以主动地逃避却绝望地等待痛苦的来临，这就是"习得性无助"。

这给我们以反思。首先应当反思的是我们的教育。孩子一出生就是积极探索，喜欢尝试的：他到处看、到处爬，到处摸……当然，因为是"第一次"，所以出错肯定很多。如果孩子的每一次尝试成人都报以厉声呵斥"不准……"或大惊小怪的惊呼"危险！不要……"时，他就好像被电击了一样，久而久之，他对自己要做的事情就变得不自信了。

结果，他也许会如你所愿地变成一个"乖"孩子，哪儿也不碰，什么也不摸，却把

"自卑"的种子深深地根植于心中。如果你不希望这样的情况发生,那么请对孩子"试一试"的行为予以鼓励和帮助,在孩子失败了的时候给予安慰和支持,并对孩子的尝试予以进一步的启发和建议。

在管理中也一样,如果不论员工做怎样的努力,上司都一脸不满,甚至对员工言语打击,员工也会慢慢地放弃努力,而消极地等待上司的责罚。所以,奖罚一定要分明,当奖的时候不要吝惜你的赞扬,当罚的时候,也一定要让被责罚的对象清楚知道自己到底错在了哪里。

小知识:

凯根(1929～　)

美国心理学家,对婴儿和儿童的认知和情绪发展的研究,尤其是对气质的形成根源的研究十分著名。他的研究表明个体气质的差异既受环境影响又受基因制约。1987年获美国心理学会颁发的杰出科学贡献奖。

18. 一个非常简单的实验

> 韦柏感觉系统实验发现，最小可感知差别的大小随标准单位刺激（第二个与之进行比较的那一个）的程度变化而变化，而且，这两种刺激之间的比率是一个常数。

19世纪30年代，在莱比锡大学，一位长着胡须的年轻生理学教授正在进行一项与大多数生理学家完全不同的研究。他的名字叫恩内斯特·海因里奇·韦柏。他不用手术刀，也不切开青蛙腿，更不用锯开兔子的头，反过来，他要用健康、完整无损的人类志愿者做实验——大学生、城里人、朋友，还使用一些平凡的工具做实验，如药房的小砝码、灯、笔和粗毛衣针。

有一天，在一间实验室里，韦柏用一根涂了炭粉的缝衣针垂直落在一位年轻人的裸背上，在背上留下一个很小的黑点。接着，他请年轻人指出那个黑点所在的位置。结果，年轻人所指的位置与黑点的位置有几英寸远。韦柏仔细测量两点之间的距离，并在笔记本上记录下来。

接着，他分别在年轻人的背、胸脯、手臂和脸等不同的地方反复进行这项试验。之后，他又拿出一把圆规，在另一位蒙上眼睛的年轻人身体的不同部位把两支圆规脚撑开按下，接触身体。当圆规的两支脚张得很开时，年轻人知道两个点都被接触到了。可是，当韦柏将圆规脚拉得近一些的时候，受试者就很难说出到底是一支脚

18. 一个非常简单的实验

还是两支脚都接触到了身体上，直到在一个临界点上，他感觉两支脚就是一支脚。

这个临界的距离，韦柏发现，是根据身体的不同部位而有所变化的。在舌尖上，这个距离不到 1/20 英寸；在脸上，只有 0.5 英寸；而在脊梁上，距离为从 0 到 2 英寸半不等——其敏感度有 50 倍的差别，这说明每个部位神经末梢的相对数字有相当大的变化。这项试验，被称为"最小可感觉差别"试验。

韦柏的试验一发不可收拾，在当时的条件下，他尽一切可能对其他感觉系统进行了类似的实验，分别定出下列度量之间的最小可感觉差别：两条线的长度、两个物体的温度、两个光源的亮度等等。

在每一种情况下，韦柏都发现，最小可感觉差别的大小随标准单位刺激的程度而变化，而且，两种刺激之间的比率是一个常数。其中视觉最为敏感，可区别光线强度的 1/60；痛感的最小可感觉差别为 1/30；听觉的为 1/10；嗅觉为 1/4；味觉的为 1/3。

韦柏对感觉系统敏感度进行的全部实验虽然都很简单，但是在心理学史上却产生了重要影响。这些数据反映了生理与心理世界之间标准计量的相互关系，为心理学的计量研究提供了成功的范例。

我们的心理感觉和外界物理刺激的性质并不是完全一一对应的。举几个例子来说明吧：(1) 游泳的时候，在入水的一刹那你会觉得很凉，但是过了一会儿，你就渐渐适应，觉得不那么凉了。池水的温度（物理刺激的性质）都是 19 度，而你的感觉却出现了差异。(2) 如果有人问你，一斤棉花和一斤铁，哪个更重一些？你或许会脱口而出"铁重"。但事实上都是一斤，它们的重量是一样的，这就是所谓的"形重错觉"。

上面的故事中韦柏的研究属于心理学中一个名为心理物理学的领域。心理物理学先由韦柏奠定基础，后由费希纳正式建立。心理物理学是研究心和物之间函数关系的精密科学，它的目标就是最终用精确的数学函数的形式来描述外部的物理刺激与由此而发生的感觉和知觉之间的定量关系，其研究范围包括感觉、知觉、情感、行为等。

19. 无法逾越的"玻璃之墙"

> 实验、坚持不懈、试错、冒险、即兴发挥、最佳途径、迂回前进、混乱、刻板和随机应变,所有这些都有助于我们应付变化。

有一天,卡尔·韦克教授正在校园里面散步。当他从一条小径上来到花园的时候,发现几个人聚精会神地围在一个小窗口前,来到跟前,才发现是几个心理系的学生正趴在那里做实验呢!

这几位都是他非常熟悉的学生。为首的叫维莲娜,是这届心理系的佼佼者,旁边的三位分别是:乔治、约瑟夫和史丹尼。他们之中除了乔治外都是心理系的学生。而乔治作为维莲娜的男友,理所当然地变成了她的助手,最后在维莲娜的影响下,也慢慢地对心理学产生了浓厚的兴趣。

卡尔·韦克教授走了过来,打算看看这几个学生在搞什么把戏。不过,这四位实验者正聚精会神地看自己的实验过程,根本没有注意到教授竟然就站在他们身后。

"这样不行的,乔治,来,让我来告诉你应该怎么放进去!"史丹尼一边说着,一边拿起装着苍蝇的小瓶子,打算把这些苍蝇放在另外一只放着蜜蜂的瓶子里。

"啊!快抓住它!别让它跑掉了,本来就没有几只了!"维莲娜看到史丹尼没注意放跑一只苍蝇之后,惊呼道。

当他们几个人起来抓苍蝇的时候,突然发现卡尔·韦克教授竟然站在身后便一下子全都安静下来了,齐齐地向教授问好。

"我只是想看看你们在做什么有趣的实验罢了!"卡尔·韦克教授说。

就这样,实验重新开始了,他们把几只蜜蜂和同样多只苍蝇装进了一个玻璃瓶中,然后将瓶子平放,让瓶底朝着窗户。结果,发现了一个让人吃惊的事情。只见那些蜜蜂不停地想在瓶底上找到出口,却从来都没往后面找,就这样,一直到它们力竭倒毙或饿死在瓶底;而苍蝇则全都会在不到两分钟之内,穿过另一端的瓶颈逃逸一空。

　　这到底是为什么呢？是因为那些令人讨厌的苍蝇，竟然比蜜蜂还聪明吗？当然不是，其实，蜜蜂们之所以全部死在瓶底，主要是因为它们对光亮的喜爱，加上它们的智力比苍蝇高，于是才导致了全部灭亡。蜜蜂以为，出口必然在光线最明亮的地方；它们不停地重复着这种合乎逻辑的行动。对蜜蜂来说，玻璃是一种超自然的神秘之物，它们在自然界中从没遇到过这种突然不可穿透的大气层；而它们的智力越高，这种奇怪的障碍就越显得无法接受和不可理解。

　　那些愚蠢的苍蝇则对事物的逻辑毫不留意，全然不顾亮光的吸引，四下乱飞，结果误打误撞地碰上了好运气；这些头脑简单者总是在智者消亡的地方顺利得救。因此，苍蝇得以最终发现那个正中下怀的出口，并因此获得自由和新生。

　　这个结论是卡尔·韦克教授后来才总结出来的，对他的触动也非常之大。以致在他以后的讲课生涯中曾无数次提到这次实验。他说："我们在生活中，有时就像蜜蜂一样，随时会撞上无法理喻的'玻璃之墙'，这就需要从混乱中理出秩序；要知道，在一个经常变化的世界里，混乱的行动也比有序的停滞好得多。"

小知识：

约翰·穆勒（1806～1873）

　　英国心理学家、哲学家和经济学家。其心理学思想散见于《逻辑学体系》(1843)、《对汉密尔顿的审查》(1865)和《对詹姆士·穆勒心理学的诠释》(1869)等。1865年约翰·穆勒提出了四条联想律，即类似律、接近律、多次律和不可分律。

　　这是行为组织学里的一个著名实验，说明的是苍蝇更能够改变思维来适应环境，而蜜蜂却顽固地认为有光的方向肯定就是出路，所以蜜蜂才会坚持着向瓶底飞。

20. 李比希与功能固着心理

> 一个人看到一种惯常的功用或联系后，就很难看出它的其他新用途；如果初次看到的功用越重要，也就越难看出它的其他用途。这就是功能固着心理。

李比希是德国著名的化学家、化学教育学家。他出身于一个经营药物、染料及化学试剂的小商人家庭。小时候，李比希随父亲制造过家庭药物和涂料，后来又当过药剂师的徒弟。少年时代的李比希对当时德国学校正规化、公式化的陈旧教育感到乏味，却酷爱阅读化学书籍和动手做化学试验。学业有成后，李比希在黑森大公的公费资助下到巴黎深造，在法国著名化学家、物理学家盖-吕萨克的实验室工作，并结识了德国科学界泰斗洪堡。

有一次，李比希因公事而需要去英国考察。到了英国之后，他来到一家工厂参观绘画颜料"柏林蓝"的配制过程。

他看见工人们先用药水煮动物的血和皮，调制成"柏林蓝"的原料，然后把原料溶液放在铁锅里再煮，并用铁棍长时间搅拌，边搅边把铁锅捣得咔咔响。李比希感到很奇怪，就问这是怎么回事儿，其中的一个工头向他解释道："搅拌锅里的溶液时，一定要用铁棍搅，而且发出的声音越大，'柏林蓝'的质量越好。"

李比希听了之后，不由得笑道："其实根本不需要这样搅，只要在'柏林蓝'原料里加点含铁的化合物就行了。现在用铁棍使劲磨蹭，无非是把锅上的铁屑蹭下来，使它与原料化合成'柏林蓝'。"

最后，工头试着用他的方法做了一次，结果效果非常好。

在一次研究人的创造性思维的会议上，日本创造学家走上主席台，拿出一把曲别针，同时提出一个问题。他问："这些曲别针有多少用途？"

在场的一位学者说有30多种。创造学家说他自己已经证明了有300多种。大家为他热烈鼓掌。这时台下有人递上来一个条子，条子上写：我明天将发表一个观点,证明这个曲别针可以有亿万种用途。

这个人就是中国的许国泰。而他提出的这个方案后来被称为魔球现象,根据他的论证,曲别针由于相同的质量可以做各种砝码;作为一种金属物,曲别针可以和各种酸类及其他化学物质产生不知道多种反应;曲别针可以变成1、2、3、4、5、6、7、8、9和进行加减乘除;可以变成英文、拉丁文、俄文字母,于是天下所有语言能够表达的东西,曲别针都可以表达。

因此,对于这些难度不是很大的实际问题,许多人不能解决的主要原因是因为在他们的视野和心理上存在局限,受到某种物体的通常用途的影响,所以难以发现这种物体的其他新用途,因而束缚了自己的思维,妨碍了问题的解决。

一个东西能发挥出多大的作用,在很大程度上取决于拥有和使用这个东西的人的聪明才智,运用的方式不同,得到的结果也就会有天壤之别。

人为什么会产生功能固着这种心理现象呢?这是因为一个人在遇到新出现的问题时,总是容易用过去处理这类问题时的方式或经验来对待和解决新出现的问题。如果在一切条件都没有发生变化的情况下,运用已有的经验和方法会使问题得到迅速解决,提高工作和学习效率。但是如果在条件已经发生变化的情况下,仍然照搬过去的老办法,以固定的模式去应付多变的生活和学习,就会走许多弯路,使问题不能很好地解决。

小知识:

笛卡尔(1596~1660)

法国数学家、科学家和哲学家。在心理学史上笛卡尔被称为反射动作学说的创始人。"反射"术语起用于笛卡尔,但其具体意思却与后来的"反射"概念有着一定的差距。

笛卡尔的《论情绪》认为有六种原始情绪:惊奇、爱悦、憎恶、欲望、欢乐、悲哀。其他情绪,虽然很多,但都是这六种情绪之中的某些种的组合。

43

21. 爱迪生的合伙人

> 吉尔福德认为，人在解决问题时，思维常常"从同一的来源中产生各式各样为数众多的输出"，即在一段时期内不拘一格地朝着多种方向去探寻各种不同的方法、途径及答案，这种呈散射型或分叉型的思维模式就叫做"发散思维"。由于它往往能出现一些奇思异想，所以也称作"求异思维"或"开放式思维"。

巴那斯是个农民，但他却有很大的理想，总想着自己要干番大事业。也许是幸运之神对他的眷顾吧，有一天，一张报纸改变了他的命运。事隔多年之后，巴那斯每每提及这件事，都感慨万千，说："如果不是那张报纸的话，我可能就和自己的父亲一样，一辈子以种田来过完自己的一生。"

那天，当他看到一张报纸上大发明家爱迪生的故事之后，竟然萌发出要成为爱迪生的合作伙伴的梦想，他要把爱迪生的发明成果推广到全世界。

就这样，他告别了家人，爬上一辆开往新泽西州的火车。当他站在爱迪生面前的时候，他看上去就像一个街头的流浪汉，衣衫褴褛、满身污垢。然而，他的双眼却闪烁着希望和自信的光芒。

在爱迪生的实验室里，他告诉爱迪生说自己从很远的农村来到这里，虽然身无分文、衣食无着，但他来到这里的目的是"要做你生意上的合伙人，你的发明成果需要有人把它们推向世界，我要让所有的人都能够享受到你的发明。当然，我现在需要你收留我在你的工厂做工，我需要在你身边，熟悉你的一切发明创造"。

爱迪生看了看他说道："这位尊敬的先生！有件事我不得不遗憾地告诉你，类似您这样的来客，我几乎每周都会遇到几次，结果却非常不好。因此，我是否可以向你提出一个问题呢？当然，如果你能够完美地把问题解决了，我非常欢迎你加入到我们这里。反之，则请先生见谅了！"

"好吧！"巴那斯说。

21. 爱迪生的合伙人

"你现在就开始想办法，看能否让我走出这个实验室。"爱迪生说道。

"这根本不行！这个问题简直不可思议！"巴那斯生气地吼道："如果问题是把站在外面的您请回实验室，那还有可能，而这个，绝对不可能！"

"哦？那我就到外面，看你有什么办法让我进来！"爱迪生说着，就来到了门外。当他刚刚站稳脚跟，再看巴那斯的时候，突然明白自己已经输了。

就这样，巴那斯留了下来。经过几年的努力之后，他和爱迪生签下合约，由他主管营销事宜。很快，巴那斯成了富甲一方的大商人。

看了这个故事，你是不是也会称赞巴那斯的聪明呢？他之所以聪明，这与他善于"变通"的思维品质分不开。在解决问题时，人们一般都按常规去思考（即使爱迪生如何出来这一方面去思考）。而巴那斯则能从"让爱迪生从外面走进实验室"反向思维，而巧妙地解决了问题，即能从另一个角度、另一个侧面去思考。这种思维具有发散性。

很多心理学家都认为，发散思维与创造力有直接联系，因此，应有意识地培养、训练自己的发散性思维，即从思维的独创性、变通性、流畅性入手，逐渐使我们养成多面向、多角度认识事物、解决问题的习惯，使自己的学习更具创造性。

与常规性思维相对，创造性思维指的是以新颖独创的方法解决问题的思维过程。透过这种思维不仅能揭露客观事物的本质及其内部联系，而且能在此基础上产生新颖的、独创的、有社会意义的思维成果。它是人类思维的高级过程，是人类意识发展水平的标志。所以，训练良好的思维力，特别是创造性思维能力，意义颇大。

创造性思维具有三个特点，即新颖性、流畅性和变通性。新颖性指思维能够标新立异，不落俗套；流畅性指思维的过程非常顺畅，没有阻滞，"思如泉涌"就是这样的一种状态；变通性指的是不受眼前条件的局限，能够进行发散性的思考。

心理学家们对创造性思维给予了很多的关注，认为可以从以下几方面着眼提高人的创造性思维：

首先，语言是思维的工具、物质外壳，也是思维活动的有效刺激物，思维，特别是抽象思维要借助于语言、词来实现。所以应该透过多读、多写、多讲来提高语言能力，从而增强思维能力。真正做到"思风发于胸臆，言泉流于唇齿"。

其次，整个创造过程就是对原有知识、信息进行加工、重组、改造，从而产生新

颖、独特的组合形式的过程。"巧妇难为无米之炊",对刺激作出快速、变通、新奇的反应是建立在广泛的知识基础上的。黑格尔说得好:"单凭心血来潮并不济事,单靠存心要创作的意愿也召唤不出灵感来。谁要是胸中本来没有什么内容在鼓动,不管他有多大才能,他也决不能凭由这种意愿就可以抓住一个美好的意思或是产生一部有价值的作品来。"

最后,高创造性的人具有独特的人格特征。美国学者戴维斯在第22届国际心理学大会上归纳提出具有高创造性的人的人格特征:"独立性强,敢于冒风险,具有好奇心,有理想抱负,不轻听他人意见,对于复杂奇怪的事物会感受到一种魅力,而且,富有创造性的人一般都具有艺术上的审美感和幽默感……他们的兴趣爱好既广泛又专一。"所以,我们还应该注意培养自己的创造性人格。

较强的发散思维能力是创造性人才的基本特征之一。在进行发散思维训练的过程中,要吸收教育学和心理学的科学方法,充分重视主体意识,努力营造较为安全的心理环境,大胆质疑,敢于标新立异,使发散思维的培养得以顺利实施。

小知识:

柏拉图(约公元前427年~公元前347年)

古希腊哲学、西方文化最伟大的哲学家和思想家之一。他把人的灵魂分等并与他的"理想国"的等级相应。灵魂分为理性、意气和欲望,理性位于头部,意气位于胸部,欲望位于腹部横膜与脐之间。

22. 别人的心思我知道

> 投射一词在心理学上是指个人将自己的思想、态度、愿望、情绪、性格等个性特征,不自觉地反应于外界事物或者他人的一种心理作用,也就是个人的人格结构对感知、组织以及解释环境的方式发生影响的过程。

在一家出版社的选题讨论中,出现了这样一种有趣的现象。编辑们列出他们认为最重要的一个选题分别为:

编辑A正在参加成人教育以攻读第二学位,他选的是"怎样写毕业论文";

编辑B的女儿正在上幼儿园,她的选题是"学龄前儿童教育丛书";

编辑C是围棋迷,他的选题是"聂卫平棋路分析"

……

这些人都在不经意之间将自己的心理投射到他人身上,认为自己感兴趣的内容一定是所有读者都感兴趣的。还有一个故事也能说明这种投射效应。

一天,美国著名主持人林克莱特访问一名小朋友:"你长大后想要当什么呀?"小朋友天真地回答:"嗯……我要当飞机的驾驶员!"林克莱特接着问:"如果有一天,你的飞机飞到太平洋上空,所有引擎都熄火了,你会怎么办?"小朋友想了想:"我会先告诉坐在飞机上的人绑好安全带,然后我穿上我的降落伞跳出去。"在现场的观众有的笑得东倒西歪,有的则皱起眉头,说:"好坏的孩子。"林克莱特则继续注视着这个孩子,想看他是不是自作聪明的家伙。没想到,接着孩子的两行热泪夺眶而出,这才使得林克莱特发觉这孩子的悲悯之情远非笔墨所能形容。林克莱特问他说:"你为什么要这么做呢?"小孩的答案透露出一个孩子真挚的想法:"我要去拿燃料!"

你听到别人说话时,你真的听懂他说的意思吗?不要先入为主地认为你知道别人的心思,听话不要听一半,请听别人说完吧,这就是"听的艺术"。

心理学研究发现,人们在日常生活中常常不自觉地把自己的心理特征(如个

47

性、好恶、欲望、观念、情绪等)归属到别人身上,认为别人也具有同样的特征,如:自己喜欢说谎,就认为别人也总是在骗自己;自己自我感觉良好,就认为别人也都认为自己很出色……心理学家们称这种心理现象为"投射效应"。

由于投射效应的存在,使得我们常常可以从一个人对别人的看法中来推测这个人的真正意图或心理特征。由于人都有一定的共同性,都有一些相同的欲望和要求,所以,在很多情况下,我们对别人做出的推测都是比较正确的,但是,人毕竟有差异,因此推测总会有出错的时候。如在日常生活中,我们常常错误地把自己的想法和意愿投射到别人身上:自己喜欢的人,以为别人也喜欢,总是疑神疑鬼,莫名其妙地吃醋;父母总喜欢为子女设计前途、选择学校和职业……

小知识:

托马斯·霍布斯(1588~1679)

英国第一位经验主义心理学家,不过,他主要还是以带政治倾向的哲学家而闻名的。

他是第一位现代联想主义者。亚里士多德、奥古斯丁和维夫都曾说过记忆是透过某种连接调出来的。霍布斯的贡献是,他说得更清楚一些,更具体一些,尽管也是不完全和不成熟的。虽然他使用的是"概念的系列"而不是"联想"这些词,可他是这种传统之中最早的一位,该传统最终还导致了19世纪的实验主义心理学和20世纪的行为主义。

23. 改变爱因斯坦一生的故事

> 著名杂技师肖曼·巴纳姆在评价自己的表演时说,他之所以很受欢迎是因为节目中包含了每个人都喜欢的成分,所以他使得"每一分钟都有人上当受骗"。人们常常认为一种笼统的、一般性的人格描述十分准确地揭示了自己的特点,心理学上将这种倾向称为"巴纳姆效应"。

据说爱因斯坦在小的时候是个十分贪玩的孩子,他的母亲经常为此而忧心忡忡。母亲的再三告诫对他来说毫无用处。直到16岁那年的秋天,一天上午,父亲将正要去河边钓鱼的爱因斯坦拦在屋子里,并给他讲了一个故事,而正是这个故事改变了爱因斯坦的一生。

父亲说:"我昨天同咱们的邻居杰克大叔一起去清扫南边的一个大烟囱,那烟囱只有踩着里面的钢筋踏梯才能上去。你杰克大叔在前面,我在后面。我们抓着扶手一阶一阶的终于爬上去了,等到我们下来的时候,你杰克大叔依旧走在前面,我还是跟在后面。后来,钻出烟囱,我们发现了一件非常奇怪的事情:你杰克大叔的后背、脸上全被烟囱里的烟灰蹭黑了,而我身上竟连一点烟灰也没有。"

"是吗?"爱因斯坦一下子来了兴趣。

爱因斯坦的父亲继续微笑着说:"是啊!你知道吗?我当时看见你杰克大叔的模样,心想我一定和他一样,脸脏得像个小丑,于是我就到附近的小河里去洗了又洗。然而,你杰克大叔呢,他看我钻出烟囱时干干净净的,就以为他也和我一样干干净净的,因此,只在那里胡乱洗了洗手就上街了。结果,街上的人都笑破了肚子,

49

还以为你杰克大叔是个疯子呢。"

爱因斯坦听罢,忍不住和父亲一起大笑起来。父亲笑完后,郑重地对他说:"你知道吗?孩子,我给你讲这些,其实是想提醒你一下,无论任何人,都不能做你的镜子,只有自己才是自己的镜子。拿别人做镜子,即便是白痴都有可能把自己照成天才的。"

人之所以为人,就是人具有自我意识,能够形成自我知觉,能够在头脑中勾画:现实的我是什么样的,理想的我又是什么样的?人类从来没有停止过对自我的追寻,正因为如此,人常常迷失在自我当中,"不识庐山真面目,只缘身在此山中",人难以脱离自己,以局外人的身份来审视自己,只能参照周围的人来认识自己,因此很容易受到周围信息的暗示,并把他人的言行作为自己行动的参照,从而出现自我知觉的偏差,这叫"巴纳姆效应"。"巴纳姆效应"主要表现在两个方面:

1. 更相信他人给自己的评价。有位心理学家给一群人做完明尼苏达多相人格检查表(MMPI)后,拿出两份结果让参加者判断哪一份是自己的结果。事实上,一份是参加者自己的结果,另一份是多数人的回答平均起来的结果。参加者竟然认为后者更准确地表达了自己的人格特征。

2. 容易相信一个笼统的、一般性的人格描述。即使这种描述十分空洞,他仍然认为反映了自己的人格面貌。如你很需要别人喜欢并尊重你,你有自我批判的倾向等等。这其实是一些套在谁头上都合适的帽子。巴纳姆效应在生活中十分普遍。拿算命来说,很多人请教过算命先生后都认为算命先生说的"很准"。其实,那些求助算命的人本身就有易受暗示的特点,再加上算命先生善于揣摩人的内心感受,稍微能够理解求助者的感受,求助者立刻会感到一种精神安慰。算命先生接下来的无关痛痒的话便会使求助者深信不疑。

24. 竞选结果出来之前

> 因工作压力导致心理上的紧张状态,被称为"齐加尼克效应"。克服齐加尼克效应的诀窍就在于找到一种办法,让人们感到自己拥有某种程度的控制力,尽管目前实际上是不可能加以控制的。

本杰明·哈里森是美国第 23 任总统。他出身望族,祖父是美国第 9 任总统。哈里森是约翰·斯科特·哈里森与伊丽莎白·拉姆西的第 6 个孩子,连他父亲与第一个妻子的三个孩子,哈里森共有兄妹九人。哈里森生于俄亥俄州。他受到良好的教育,毕业于迈阿密大学,毕业后从事律师这个职业。南北战争期间参加联邦军,获将军衔。1881 年,他成为参议员。

1888 年,他被共和党提名总统候选人,在最终的竞选即将出炉的时候,很多人都非常激动或烦躁,而他依旧非常平静地在等候最终的结果。他的主要票仓在印第安纳州。印第安纳州的竞选结果宣布时已经是晚上 11 点钟了,等到结果出来之后,一位朋友觉得他肯定会为此而寝食难安,于是,就赶快给他打电话报信,并向他表示祝贺。然而,让他这位朋友非常意外的是,当他把电话打过去的时候,却被告知哈里森很早就已经上床睡觉了。

第二天上午,那位朋友好奇地问他为什么丝毫不担心,还睡得这么早。哈里森哈哈一笑,然后解释说:"该出的结果它是必然会出的,这有什么好担心的?况且,熬夜并不能对结果产生任何影响和改变。如果我在这次竞选中获胜,当选为总统,那么,我知道自己前面的路会

51

很难走。所以不管怎么说,让自己休息好,才是最为明智的选择。"

休息是明智的选择,因为工作会带来压力。哈里森明白这一点,然而,他也许自己都不知道自己所要对付的,实际上是因工作压力所致的心理上的紧张状态。在心理学上,这种状态被称为"齐加尼克效应"。

"齐加尼克效应"源于法国心理学家齐加尼克的一次实验:

齐加尼克把那些请来的受试志愿者分为两组,让他们去完成20项工作。其间,齐加尼克对一组受试者进行干预,使得他们最终未能完成任务,而对另外一组则让他们顺利完成全部工作。实验得到不同的结果。虽然所有受试者接受任务时都显现一种紧张状态,但顺利完成任务者,紧张状态随之消失;而未能完成任务者,紧张状态持续存在,他们的思绪总是被那些未能完成的工作所困扰,心理上的紧张压力难以消失。

齐加尼克效应说明:一个人在接受一项工作的时候,就会产生一定的紧张心理,只有任务完成,紧张才会解除。如果任务没有完成,则紧张持续不变。这种因工作压力所致的心理上的紧张状态即被称为"齐加尼克效应"。

"齐加尼克效应"给现代社会脑力工作者的身心健康带来巨大的挑战。脑力劳动要求大脑进行积极的思维,而思维活动往往是持续不间断的,这就使得紧张的心理状态也持续存在。即使已经走出办公室,那些尚未解决的问题或未完成的工作,会像影子一样困扰着你。医务人员、工程师、作家、企业家……都有这种被"齐加尼克效应"困扰的体验。如果现代白领无法适应和调节工作的压力,就会产生紧迫感、压力感和焦虑感,久之可诱发身心疾病。因此,学会缓解和应对心理的紧张状态是现代白领自我保健的一项重要内容。

25. 乔·吉拉德找工作

> 首因,是指首次认知客体而在脑中留下的"第一印象"。首因效应,是指个体在社会认知过程中,透过"第一印象"最先输入的信息对客体以后的认知产生的影响作用。

乔·吉拉德是世界上最伟大的销售员,他连续12年荣登世界吉尼斯记录大全世界销售第一的宝座。乔·吉拉德所保持的世界汽车销售纪录:连续12年平均每天销售6辆车,至今无人能破。

乔·吉拉德也是全球最受欢迎的演讲大师,曾为众多世界500强企业精英传授宝贵经验,来自世界各地数以百万的人们被他的演讲所感动,被他的事迹所激励。

然而,很少人知道乔·吉拉德还有过这样一个有趣的小故事:

当时,乔·吉拉德正四处找工作,有一天,他来到一家公司里面,对人事经理说:"你需要一个助手吗?"

"哦,对不起,先生,我现在不需要助手!"人事经理说道。

"那么,你们需要普通职员吗?"乔·吉拉德仍旧不甘心地问道。

"我们的员工已经很多了,而且还打算裁员呢!所以,员工我们也不需要,你还是到其他地方看看吧!"人事部经理拒绝道。

"即便是苦力活也行!好比那些搬运、跑腿、清洁之类的职位!"乔·吉拉德说道。

"对不起,先生,我们真的不需要!"人事经理说道。

"哦!真是遗憾。"乔·吉拉德说,"那么,既然这样的话,你们一定需要这个东西。"他一边说着,一边从自己的公文包里拿出一块精致的小牌子,上面写着"额满,公司暂不雇用职员"。

这位人事部经理拿着牌子,看了又看,然后,微笑着点了点头,说:"先生,你真

53

的非常优秀,如果你愿意的话,我可以邀请你到我们的广告部或业务部工作。"

乔·吉拉德透过自己制作的牌子表达了自己的机智和乐观,给这位人事部经理留下了美好的"第一印象",引起其极大的兴趣,从而为自己赢得了一份工作。而这种"第一印象"的微妙作用,在心理学上被称之为首因效应。

首因效应也就是人们根据最初获得的信息,形成非常深刻的印象,而且还会左右对以后获得的新信息的解释。因此在日常交往过程中,尤其是与别人的初次交往时,一定要尽量让自己给别人留下美好的印象。

在社会认知中,个体获得对方第一印象的认知线索主要是相貌、表情、姿态、身材、仪表、服装等外部的信息。但这些首次获得的信息往往成为以后认知与评价的重要根据。如在人们的日常社会交往中,若第一次与人交往接触留下了好印象,则在彼此分开后的很长一段时间里,这种好印象仍然会保留在脑中;当第二次再相遇交往时,则会不由自主地按脑中原来第一次形成的好的评价的视角来认知评价对方。

首因效应,也会使个体在第一次交往所获取对方少量的信息后,就动用个体以往的知识经验来对这少量的信息进行加工处理,从而分析、综合、比较、推测客体的特点,形成总体评价。

小知识:

布鲁纳(1915～)

美国心理学家、结构主义教育思想的代表人物。对认知过程进行过大量研究,在词语学习、概念形成和思维方面有诸多著述,对认知心理理论的系统化和科学化作出贡献。1962年获美国心理学会颁发的杰出科学贡献奖。主要著作有:《教育过程》(1960)、《论认知》(1962)、《教学论探讨》(1966)、《教育的适合性》(1971)等。

26. 这样教育孩子

> 人们在日常生活中常常不自觉地把自己的心理特征(如个性、好恶、欲望、观念、情绪等)归属到别人身上,认为别人也具有同样的特征。如:自己喜欢说谎,就认为别人也总是在骗自己;自己自我感觉良好,就认为别人也都认为自己很出色……心理学家称这种心理现象为"投射效应"。

在一所空房子里,有只小鸟总是往窗户的玻璃上撞,其实,旁边就是开着的窗子,小鸟是完全可以进入房子的。时间久了,人们都说,这是只笨鸟,有窗口不进,非要撞玻璃,好像要把玻璃撞碎才进去似的。小鸟每日还是那样,每撞一次,跌落在窗台上,然后再一次撞在玻璃上……

有一天,有个人禁不住好奇,拿了一个望远镜,想要看看这只小鸟到底是怎么回事儿。当他把一切都看清楚之后,就惊呆了,原来在小鸟撞的那块玻璃上粘着好多的小虫子,小鸟根本不是人们想象的笨鸟,而是因为它在那里进食。

在2000年7月2日下午4点,一个刚刚结束考试的16岁男孩小海,从21层的家中跃窗而出,结束了正处于花样年华的生命。据了解,小海是个很不错的孩子,他身高174厘米,在班上学习成绩很好。小海还有很多爱好,喜欢弹风琴和电子琴,而且擅长书法和绘画,是个既听话又懂事的好孩子,从来不惹什么是非。

那么,他为什么要选择轻生呢?原来,小海不仅喜欢音乐,他简直是酷爱音乐。小海本来想读艺术学校,学作曲,却被父母拒绝了,为了这件事他曾和父母吵过。但是,多次抗议无效,最后他只得在父母的意愿下选择了一个他不喜欢的学校。此后,小海的心情一直不好,最终发生了悲剧。

另外,有位家长非常喜欢足球,几乎是逢球必看。因此,他在儿子上学的时候,每年都会给他报学校的足球班,而且,还总是希望孩子能够喜欢上足球,并往足球方面发展。结果,孩子根本就不喜欢足球,而且没有一丁点的足球天赋,并因此和爸爸闹得很僵。

55

心理学研究发现，人们在日常生活中经常会不自觉地把自己的心理特征（如个性、好恶、欲望、观念、情绪等）归属到别人身上，认为别人也具有同样的特征，例如：如果自己比较喜欢说谎，那么，他就会觉得别人也总是在骗自己；如果自己自我感觉良好，就会觉得身边的人也都认为自己很出色……在心理学家那里，这种心理现象被称之为"投射效应"。

　　投射效应是指一个人将内在生命中的价值观与情感好恶影射到外在世界的人、事、物上的心理现象。

　　人们往往错误地以为我们生活的四周是透明的玻璃，我们能看清外面的世界。实际上我们每个人的周围都是一面巨大的镜子，镜子反射我们生命的内在历程、价值观、自我的需要。我们看到的不是外面的世界，看到的仅仅是自己！

小知识：

希尔加德（1904～2001）

　　美国心理学家，早期研究动物和人的条件反射，后来研究人的动机作用和无意识过程，晚年主要从事美国心理学史的研究。1948年当选为美国国家科学院院士，1949年当选为美国心理学会主席，1967年获美国心理学会颁发的杰出科学贡献奖。

27. "希望"马拉松

> 主动的意志力能让你克服惰性,把注意力集中于未来。在遇到阻力时,想象自己在克服它之后的快乐;积极投身于实现自己目标的具体实践中,你就能坚持到底。

提到马拉松,大家都知道它是一个体育项目的名称。人们喜欢用它来表示那种超乎人们寻常精力,长时间、长距离的各种体育比赛和生活现象。"马拉松式的"已经成为人们使用频率较高的口头用语。

公元前490年,波斯发动了对希腊的侵略战争。雅典成为波斯侵略军的第一个目标。雅典军队在无外援的情况下,同仇敌忾,在马拉松平原与波斯军队展开决战,最终以少胜多,打败了波斯侵略军。为了将胜利的消息告诉雅典城的居民,让同胞们早一点分享胜利的喜悦,菲力比第斯受命跑回雅典。他不顾路途的遥远和饥渴伤痛,穿越了42.195公里的距离,一刻不停地跑到雅典城,他到达以后只向自己的同胞高呼了一声"欢呼吧,我们胜利了!"就倒在地上。

谁又知道"希望马拉松"的英雄是谁呢?他就是泰瑞·福克斯。

泰瑞·福克斯出生在加拿大的马尼托巴省,他是一个喜欢运动的、活泼的孩子。

1977年,年仅18岁的泰瑞被诊断出患有骨癌。结果,手术后右腿在高于膝盖以上六英寸被完全切除。在医院里,其他癌症病人,其中有许多幼小的孩子,见到那些孩子被病魔折磨得不像样子,让他非常震撼,于是,他决定通过长跑横穿加拿大的方式来为癌症研究筹款,希望尽快使癌症患者受益。

57

经过一番思考,泰瑞将自己的这次长跑称为"希望马拉松"！在历经 18 个月的 5 000 多公里长跑准备之后,泰瑞于 1980 年 4 月 12 日在圣约翰斯的纽芬兰开始了他的征程。虽然开始很难吸引人们的关注,但不久人们被他鼓舞、感动了,所以他沿途也筹到了越来越多的捐款。他以一天跑 42 公里的进度横穿加拿大的大西洋省、魁北克和安大略省。这是加拿大人永难忘记的一次壮举。

然而,9 月 1 日,在经历了 143 天的 5 373 公里长跑之后,泰瑞不得不停了下来,因为这时候的癌细胞,已经扩散到了肺里。这种情况使得整个国家沉浸在悲痛之中。就这样,1981 年 6 月 28 日,泰瑞在他 22 岁的时候离开了人世。虽然加拿大的这位英雄走了,但是他身后的遗产却才刚刚开始积聚。到目前为止,透过每年在全世界范围内举行的以泰瑞·福克斯的名字命名的长跑活动的形式,已经筹集到了 3.4 亿多美元用于癌症研究的善款！

在泰瑞的长跑历程中,他经历了强劲的风,冰冷的雨,刺骨的严寒,和潮湿、酷热的气候挑战,但是他并不孤单,难以计数的加拿大人在沿途送去了温暖和鼓励,陪伴他战胜了一个又一个难关。他的行动唤起了世界人民对癌症病人的关注,他的勇气和决心鼓舞着人们为抗击癌症而努力,泰瑞·福克斯被加拿大人民尊为民族英雄。

现在,医学家同心理学家一样,越来越重视意志对治病的重要性了,特别是癌症等严重或疑难病症治疗的积极作用。据研究,有些癌症患者因意志薄弱,悲观失望,结果削弱了机体对癌细胞生长的自然抵抗力,即使采取各种手段,也难以使病人康复。但如果能树立信心,保持乐观情绪和顽强意志,则对治疗疾病有帮助,或至少可以延长一些存活时间。

可见,坚强意志能赋予重症患者战胜疾病的信念。正如一位科学家讲的,"希望是一切疾病的解毒剂,顽强意志是抵抗疾病的有力武器"。

28. 布里丹毛驴效应

> 在心理学中,决策过程中的那种犹豫不定、迟疑不决的现象称之为"布里丹毛驴效应"。

布里丹是巴黎大学的教授,据说他证明了在两个相反而又完全平衡的推力下,要随意行动是不可能的。他举的实例就是一头驴在两捆完全等量的草堆之间是完全平衡的。既然驴无理由选择吃其中哪一捆草,那么它永远无法作出决定只得最后饿死。

故事是这样的:

布里丹养了一头小毛驴,因此,他每天都要向附近的农民买一堆草料来喂。

有一天,送草的农民由于家里割的草太多了,而布里丹对他又非常友好,所以,他就额外地多送了一堆草料过来。然后,又把这些草料全都卸在小毛驴的两边。

农夫本来想让小毛驴多吃一些的,可是,他这样一做,可难住了站在两堆数量、质量和与它的距离完全相等的草料之间的小毛驴,左右摇摆不定。为什么小毛驴会这样呢?因为,在小毛驴看来,自己虽然享有充分的选择自由,然而,由于两堆草料的价值相等,客观上根本无法分辨优劣,于是它左看看,右瞅瞅,始终也无法决定究竟选择哪一堆好。

于是,这头可怜的毛驴就这样站在原地,一会儿考虑数量,一会儿考虑质量,一会儿分析颜色,一会儿分析新鲜度,犹犹豫豫,来来回回,最后,小毛驴终于在无所适从中被活活地饿死了。

59

另外,还有一个和它类似的故事:

有个人布置了一个捉火鸡的陷阱,他在一个大箱子的里面和外面撒了玉米,大箱子有一道门,门上系了一根绳子,他抓着绳子的另一端躲在一处,只要等到火鸡进入箱子,他就拉扯绳子,把门关上。有一次,12只火鸡进入箱子里,不巧1只溜了出来,他想等箱子里有12只火鸡后,就关上门,然而就在他等第12只火鸡的时候,又有2只火鸡跑出来了,他想等箱子里再有11只火鸡就拉绳子,可是在他等待的时候,又有3只火鸡溜出来了,最后,箱子里1只火鸡也没剩。

这些案例中犹豫不定、迟疑不决的现象就是"布里丹毛驴效应"。它是决策的大忌,面对两堆同样大小的干草时,或者"非理性地"选择其中的一堆干草,或者"理性地"等待下去,直至饿死。前者要求我们在已有知识、经验基础上,运用直觉、想象力、创新思维,找出尽可能多的方案进行抉择,以"有限理性"求得"满意"结果。

在我们生活中也经常面临着种种抉择,人们都希望得到最佳的抉择,常常在抉择之前反复权衡利弊,再三仔细斟酌,甚至犹豫不决,举棋不定。但是,在很多情况下,机会稍纵即逝,并没有留下足够的时间让我们去反复思考,反而要求我们当机立断,迅速决策。如果我们犹豫不决,就会两手空空,一无所获。

那么,如何才能避免"布里丹毛驴效应"呢?

第一,采用稳健的决策方式。当一种趋势出现时,有些人陷入孰好孰坏的争论之中,其实没有必要,只要不是非要二者择一,就不必太早决策。

第二,养成独立思考的习惯。人云亦云,缺乏主见的人是不可能做出正确决策的。

第三,严格执行一种决策纪律。有的人明明事先已经编制了能有效抵御风险的决策纪律,但是一旦现实中的风险牵涉到自己的切身利益时,就难以下决心执行了。很多股民在处于有利状态时会因为赚多赚少的问题而犹豫不决,在处于不利状态时,虽然有事先制定好的止损计划和止损标准,可常常因此使自己被套牢。

第四,不要总是试图获取最多利益。过高的目标不一定起到指示方向的作用,反而会带来心理压力,束缚决策水平的正常发挥。如果没有良好的决策水平做支撑,一味地追求最高利益,势必将处处碰壁。

第五,在不利环境中不能逆势而动。当不利环境造成损失时,很多人急于弥补损失。但是,环境的变化是不以人的意志为转移的。当环境变坏,机会稀少的时候,如果强行采取冒险和激进的决策,或频繁增加操作次数,只会白白增加投资失误的概率。

29. 口吃的雄辩家

> 自卑感是一种自己觉得惭愧、羞怯、畏缩甚至灰心的情感。若不克服是有害无益的。

如果有人问你:一个从小严重口吃的人,长大后最不可能成为什么?

估计会有很多人这么回答道:"演讲家。"

的确,这样的回答对于大部分人来说,都是正确的,但是,对于狄摩西尼来讲,却是完全的错误。

狄摩西尼出生于雅典的一个富裕家庭,本可以过着无忧无虑的生活。不幸的是,7岁时,狄摩西尼的父亲去世了。随着父亲的去世,不幸便接踵而来,母亲改嫁,巨额的家产被监护人所侵吞。一夜之间,他由一个大人物的掌上明珠,成为一个一贫如洗的孤儿。

狄摩西尼天生口吃,加上没有受过良好的教育,成年后,他的口吃越发严重。后来,狄摩西尼了解了自己家庭的真相之后,决心向法庭提出诉讼,讨还被夺取的家产。然而,他还是没有能力在法庭上清楚、流利地陈述自己的意见,只好暂时放弃。

对于这件事情,如果换了别人,也许就会因此而放弃或走别的极端,从而向命运妥协,使自卑笼罩一生。但狄摩西尼没有选择逃避,而是握起拳头,向命运挑战,向自己的生理极限挑战。据说,他为了战胜自己的口吃,每天都要大声诵读100多页的文章,站在海边含着石子练习辩术。最后,他经过刻苦的练习,终于战胜了自我,成了雅典最著名的演讲家,使不可能成为了现实。

他经常在公民大会上凭借自己无人可挡的雄辩发表政治演讲，得到了人们热烈的拥护。作为雅典民主派的领袖，狄摩西尼领导雅典人进行了近30年的反对马其顿侵略的斗争。在马其顿入侵希腊时，狄摩西尼发表了动人的演说，谴责马其顿王腓力二世的野心。他被公认为历史上最杰出的演说家之一。

狄摩西尼故事的意义在于，当厄运快要扼住命运喉咙的时候，选择自卑和屈服，就等于100%的失败，如果选择了自信和抗争，就可能争取到希望并获得成功。

从心理学意义上讲，自信是一种积极的对自我的认识，是一种积极的人生态度。自信的人对自己的能力充满信心，相信透过自己的努力，一定能够实现既定的目标；他们相信自己对于社会和他人的价值，也相信自己一定会受到别人的重视；他们相信自己是独特的人，不是可有可无的人，他们尊重别人，也相信能受到别人的尊重。

而自卑则是一种消极的自我认识和一种消极的人生态度。自卑的人在遇到问题时往往无所适从，总是觉得自己不如别人，不相信自己有能力处理好所面临的问题，甚至自暴自弃。

奥地利著名心理学家阿德勒认为，自卑感之所以成为个体发展的动力，是因为每一个个体身上都潜藏着与生俱来的追求优越的向上意志。追求优越是每一个人的基本动机，它是生活固有的需要……我们所有的机能都遵循这个方向发展；从低到高的欲望也永无休止。它是我们生命的基本事实。正因为每一个个体身上都有着这样一种与生俱来并与生长过程并驾齐驱的基本动机，因而自卑感才成为个体不断弥补不足、不断进取、不断超越的潜在动力。

小知识：

阿德勒（1870～1937）

奥地利精神病学家，个体心理学的创始人，人本主义心理学的先驱。阿德勒对社会文化环境的强调，对精神分析的社会文化学派产生了很大影响。

30. 如何与对方拉近心理距离

> 两人在交往时，如果首先表明自己与对方的态度和价值观相同，就会使对方感觉到你与他有更多的相似性，从而很快地缩小与你的心理距离，更愿同你接近，结成良好的人际关系。在这里，有意识、有目的地向对方所表明的态度和观点如同名片一样把你介绍给对方。这种现象在心理学中，被称为"名片效应"。

一位刚刚毕业的大学生，应聘了好几家单位都被拒之门外，感到十分沮丧。最后，他又抱着一线希望到一家公司应聘，在此之前，他先打听该公司老总的历史，通过了解，他发现这个公司老总以前也有与自己相似的经历，于是他如获珍宝，在应聘时与老总畅谈自己的求职经历，以及自己对未来的发展展望。

果然，这一席话博得了老总的赏识和同情，最终他被录用为部门经理。

这位大学生所使用的，就是"名片"效应。结果表明，经过"名片"递送程序的实验对象要比未经过"名片"递送程序的实验对象，更快更容易地接受我们所主张的思想观点，而本人在对方面前也容易成为一个他们所能接受的、感到亲切的、同他们有许多共同点的人。因此，只要我们摸准对方的预存立场和基本态度，而后恰当地运用"名片"，就能比较有效地对别人施加影响，并顺利地实现自己的目的。

有一个年轻人出身贫寒，相貌平平，身无绝技，手中亦无文凭。为了生计，他去了一家电器公司求职。电器公司的经理见他衣衫褴褛、形销骨立、毫无风度又无精打彩，随口便说："我们暂时不缺人，你一个月后再来看看吧！"

不料，一个月后他果真又来了。于是，经理就直言不讳地说："看你这身穿着，是不可能进我们公司的。"他仿佛如梦初醒，当天晚上就四处借钱买了一套西服，理了头发刮了胡子，穿得整洁大方，精神抖擞地去见经理。

经理这回真给他难住了，因为公司确实暂时不需要人，前面跟他说那些"理由"根本就是敷衍他的，没想到他会那么认真。无奈之下，经理又说："你没有相关的知识和技术,我们怎么用你?"经理觉得这把"杀手锏"总该把他给刹住了。

可是他立马又去买了许多关于电器方面的书籍进行苦心研究,并参加了函授学习。经过几个月的"恶补"后,他信心十足地再去见经理,满怀虔诚地说:"您看我还有什么地方不足,尽管说,我一项一项地补!"

经理终于被他的韧劲感动了,破格录用了他。他在工作上努力拼搏,勇于进取,很快便取得了令人叹服的业绩。他就是后来名扬日本饮誉世界的日本松下电器公司总裁:松下幸之助!

正是松下幸之助这种不轻言放弃的精神,在主管的心目中形成了一种良好的名片效应,从而使他得到了这份工作。而他自己也最终透过不断努力,逐渐成为电器行业的英雄和日本的"经营之神"。

名片效应是指要让对方接受你的观点、态度,你就要把对方与自己视为一体,首先向交际对方传播一些他们所能接受、熟悉并喜欢的观点或思想,然后再悄悄地将自己的观点和思想渗透和组织进去,使对方产生一种印象,似乎我们的思想观点与他们已认可的思想观点是相近的。表明自己与对方的态度和价值观相同,就会使对方感觉到你与他有更多的相似性,从而很快地缩小与你的心理距离,更愿同你接近,结成良好的人际关系。

名片效应有助于消除别人的防范心理,缓解他们的矛盾心情,也有助于减少信息传播管道上的障碍,形成传受两者情投意合的沟通氛围。

恰当地使用"心理名片",可以尽快促成人际关系的建立,但要使"心理名片"起到应有的作用。首先,要善于捕捉对方的信息,把握真实的态度,寻找其积极的、你可以接受的观点,"制作"一张有效的"心理名片"。其次,寻找时机,恰到好处地向对方"出示"你的"心理名片",这样,你就可以达到目标。掌握"心理名片"的应用艺术,对于人际交往以及处理人际关系具有很大的实用价值。

31. 苏格拉底的教育法

> 苏格拉底同别人谈话、讨论问题时,往往采取一种与众不同的形式。他把自己透过不断发问,从辩论中弄清问题的方法称作"精神助产术"。

有一位名叫欧谛德谟的青年,一心想当政治家,为帮助这位青年认清正义与非正义问题,苏格拉底采用了提问的方法,下面就是苏格拉底与这位青年的对话:

苏格拉底问:虚伪应归于哪一类?

欧谛德谟答:应归入非正义类。

苏格拉底问:偷盗、欺骗、奴役等应归入哪一类?

欧谛德谟答:非正义类。

苏格拉底问:如果一个将军惩罚那些极大地损害了其国家利益的敌人,并对他们加以奴役,这能说是非正义吗?

欧谛德谟答:不能。

苏格拉底问:如果他偷走了敌人的财物或在作战中欺骗了敌人,这种行为该怎么看呢?

欧谛德谟答:这当然正确,但我指的是欺骗朋友。

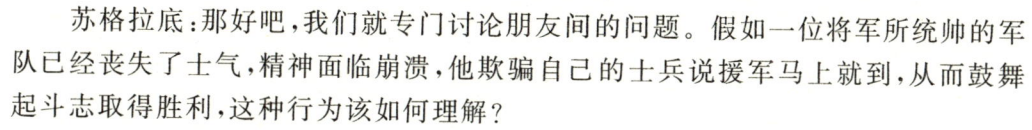

苏格拉底:那好吧,我们就专门讨论朋友间的问题。假如一位将军所统帅的军队已经丧失了士气,精神面临崩溃,他欺骗自己的士兵说援军马上就到,从而鼓舞起斗志取得胜利,这种行为该如何理解?

欧谛德谟答:应算是正义的。

苏格拉底问:如果一个孩子有病不肯吃药,父亲骗他说药不苦、很好吃,哄他吃下去了,结果治好了病,这种行为该属于哪一类呢?

65

欧谛德谟答：应属于正义类。

苏格拉底仍不罢休又问：如果一个人发了疯，他的朋友怕他自杀，偷走了他的刀子和利器，这种偷盗行为是正义的吗？

欧谛德谟答：是，他们也应属于这一类。

苏格拉底问：你不是认为朋友之间不能欺骗吗？

欧谛德谟：请允许我收回我刚才说过的话。

苏格拉底是古希腊伟大的哲学家和教育学家，他虽然出身低下，相貌丑陋，却勤奋好学、知识渊博，尤其对哲学很感兴趣。他不仅喜欢跑到雅典的市场上去发表演说和辩论问题，而且还有站着思考问题的怪癖。一旦陷入沉思，他便忘记做事、吃饭、睡觉，别人叫他也不答应，像着了魔一般。

苏格拉底在同别人谈话、辩论、讨论问题的时候，往往采取一种特殊的形式。他不像别的智者那样，称自己知识丰富，而是说自己一无所知，对任何问题都不懂，只好把问题提出来向别人请教。但当别人回答他的问题时，苏格拉底却对别人的答案进行反驳，弄得对方矛盾百出。最后透过启发，诱导别人把苏格拉底的观点说出来，但苏格拉底却说这个观点不是自己的，而是对方心灵中本来就有的，只是由于肉体的阻碍，才未能明确显现出来。他不过是透过提问帮助对方把观点明确而已。苏格拉底认为自己起到了"助产士"的作用，并把他的这种独特的教育方法形象地称之为"精神助产术"。

小知识：

苏格拉底（公元前470～公元前399年）

既是古希腊著名的哲学家，又是一位个性鲜明、从古至今毁誉不一的著名历史人物。他终生从事教育工作，具有丰富的教育实践经验并有自己的教育理论。

32. 菲利普撞鬼

> 心理疾病就是指一个人在情绪、观念、行为、兴趣、个性等方面出现一系列的失调，亦称心理障碍和心理问题。

英国有这样一个民间故事，说在诺里奇小镇，有家旅馆里住着一位叫威廉的商人，因为感染风寒而卧床不起，由于不能下床，最后，他不得不求助于旅店的服务员菲利普。

在把菲利普叫到身边之后，威廉说道："我最近身体不好，根本就无法下地，所以，我非常需要帮助。你能不能帮助我做些事情。当然，我会付给你双倍的薪金。"

菲利普本来也就没什么事情，于是，就非常痛快地答应了。

然而，不久之后，威廉的病情越来越重了，他不得不委托菲利普帮自己保管身上的钱，以便让菲利普随时去给他找大夫。

菲利普非常贫穷，突然看到这么一大笔钱，眼睛立刻就发直了，他心里嘀咕道："这些钱可是我们全家人挣三辈子也挣不到的啊！"

刚开始，菲利普还非常踏实地帮威廉找名医，买好药。可过了一段时间之后，菲利普的脑瓜开始转悠了。他觉得如果把这些钱留给自己呢？那可真就是咸鱼翻身，将来在这一带肯定是首富。

既然这样，为何不……

有了这样的想法，他在威廉的药里掺兑了毒药，结果，没过几天，威廉就死了。

67

就这样,菲利普在神不知鬼不觉的情况下霸占了威廉的所有金钱。从此在当地大富大贵起来。

有一天,菲利普正和仆人一起开着自己的船在海上闲逛,突然,菲利普跌倒在地,稍后爬起,怒睁双眸大喊:"我是贵族威廉,被菲利普杀害,他得我千金,反害我性命,今天我要把我的东西要回来!"

同船众人看见菲利普的样子,都知道他做了亏心事,冤魂前来索命了。

菲利普到家三日后,又大喊大叫,家中亲人诧异,先见菲利普取来铁捶,乱击口中牙齿;又拿来厨刀,在自己胸前胡砍;家人夺他手中之物,他便又用手指自挖双眼,抠出眼珠,立即血流满面。又召来邻居街坊竞相热闹,直至菲利普自残气绝。

菲利普将自己打死,看似冤魂附身的迷信。其实,用现代医学和人的心理积郁程度可得到科学解释:菲利普自残,是他心中郁疾积淀的结果。

他昧着良心做了对不起人的恶事,其疾病心理的根源,在于病患者受到某种强烈刺激后,脑神经系统严重受挫,精神受损,或心中郁疾长期积淀无处释放,导致精神分裂或神经错乱等病症,产生"白日梦游"、自伤、自残、跳楼、自杀等等奇端异事。

因此,心理疾病不可小视,更不能积淀成疾。在竞争激烈的经济社会和社会转型时期,尤其是那些整天忙碌于工作赚钱的白领阶层或承受巨大心理压力的工薪族,更应敲响警钟。不然,随时都可能精神抑郁、精神分裂,甚至心理崩溃,并走向自毁之路!

心理疾病并不完全同于"精神病"。首先,心理疾病患者可以清楚地感觉到自己某方面的不正常,并没有丧失判断能力,一般能够自我控制行为;第二,病人的自我感觉十分痛苦,但往往又不被别人所理解,有强烈的求治欲望,病情不稳定。若单纯用药物治疗很难见效。多数病人易受心理暗示的影响。病人病前均有相应的性格或人格缺陷,起病有一定的诱发因素,常在某一种或多种精神因素打击或心理、压力下患病。

33. 艾宾浩斯的记忆曲线

> 所谓遗忘就是我们对于曾经记忆过的东西不能再认起来,也不能回忆起来,或者是错误地再认和错误地回忆,这些都是遗忘。

赫尔曼·艾宾浩斯是德国心理学家,出生于德国波恩附近,先在波恩大学学习历史与哲学,后进入哈雷大学和柏林大学深造,1873年获哲学博士学位。普法战争时在军队服务,战后,在英国、法国致力于研究,兴趣转向科学。1867年,艾宾浩斯在巴黎一家书摊上买了一本旧的费希纳的《心理物理学纲要》,这一偶然的事情对他产生了深深的影响,不久也影响了新心理科学。

费希纳研究心理现象的数学方法使年轻的艾宾浩斯茅塞顿开,他决心像费希纳研究心理物理学那样,透过严格的系统的测量来研究记忆。

在这之前,冯特曾宣布过学习和记忆等高级心理过程不能用实验研究,加之当时艾宾浩斯既没有大学教学职位,没有老师,也没有进行研究的专门设备和实验室。但是,即便如此,他还是花了5年时间,用自己做试验,独自进行实验,完成了一系列有控制的研究。

艾宾浩斯的研究方法是客观的、实验的,透过细致观察和记录可以量化的。他的程序是把数据基础置于经过时间考验的联想和学习的研究之上。他推想出,对于学习材料的难度,可以用学习材料时所需要重复的次数来测量它,而计算起来的这个重复的次数也可以作为完全再现的标准。

为使实验有条不紊,他甚至调节了个人习惯,尽量使个人习惯保持常态,按照

69

同样严格的日常做法去工作,学习材料时总是在每天的同一时间。艾宾浩斯为记忆材料发明了无意义音节。他发觉,用散文或诗词作为记忆材料存在着一定的困难,因为各人的文化背景和知识经验不同,且理解语言的人容易把意义或联想跟词形成联系,这些已形成的联想可以有助材料的学习,这样便不能在意义方面加以控制。为此,艾宾浩斯寻找一些没有形成联想的、完全同类的、对被试者来说同样不熟悉的材料,用这些材料做实验就不可能有任何对过去的联想。这种材料便是无意义音节。无意义音节是由两个辅音夹一个元音构成,如 lef,bok 或 gat。他把辅音和元音一切可能的组合写在不同的卡片上,使他得到了 2300 个音节,从中随机地抽出用来学习。

一般来说,我们所知道的记忆过程应该是这样的:

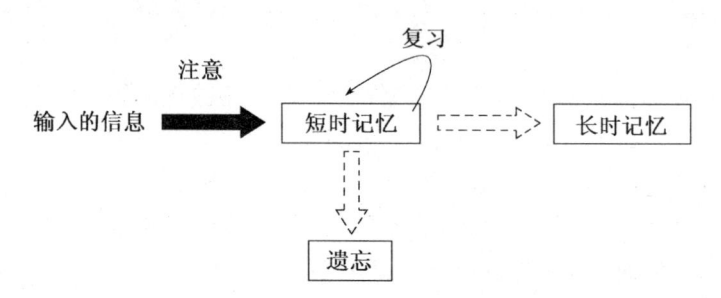

输入的信息 →（注意）→ 短时记忆 ⇢ 长时记忆
短时记忆（复习）
短时记忆 ⇣ 遗忘

艾宾浩斯认为,我们经过学习之后,便成为了人的短时记忆,但是如果不经过及时的复习,这些记住过的东西就会遗忘,而经过了及时的复习,这些短时的记忆就会成为了人的一种长时的记忆,从而在大脑中保持着很长的时间。

艾宾浩斯在做这个实验的时候是拿自己作为测试对象的,他得出了一些关于记忆的结论。他选用了一些根本没有意义的音节,也就是那些不能拼出单词来的众多字母的组合,比如 asww,cfhhj,ijikmb,rfyjbc 等等。他经过对自己的测试,得到了一些数据。

然后,他又根据这些点描绘出了一条曲线,这就是非常有名的揭示遗忘规律的曲线:艾宾浩斯遗忘曲线,图中竖轴表示学习中记住的知识数量,横轴表示时间(天数),曲线表示记忆量变化的规律。

时间间隔	记忆量
刚刚记忆完毕	100%
20分钟之后	58.2%
1小时之后	44.2%
8~9个小时后	35.8%
1天后	33.7%
2天后	27.8%
6天后	25.4%
一个月后	21.1%

这条曲线告诉人们在学习中的遗忘是有规律的,遗忘的进程不是均衡的,不是固定的一天丢掉几个,转天又丢几个

33. 艾宾浩斯的记忆曲线

的,而是在记忆的最初阶段遗忘的速度很快,后来就逐渐减慢了,到了相当长的时候后,几乎就不再遗忘了,这就是遗忘的发展规律,即"先快后慢"的原则。

而且,艾宾浩斯还在关于记忆的实验中发现,记住 12 个无意义音节,平均需要重复 16.5 次;为了记住 36 个无意义章节,需重复 54 次;而记忆六首诗中的 480 个音节,平均只需要重复 8 次!这个实验告诉我们,凡是理解了的知识,就能记得迅速、全面而牢固。

不然,死记硬背是费力不讨好的。因此,比较容易记忆的是那些有意义的材料,而那些无意义的材料在记忆的时候比较费力气,在以后回忆起来也很不轻松。

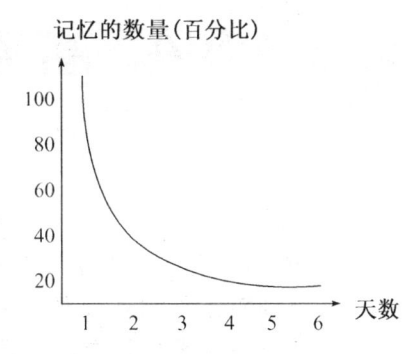

因此,艾宾浩斯遗忘曲线是关于遗忘的一种曲线,而且是对无意义的音节而言。对于与其他材料的对比,艾宾浩斯又得出了不同性质材料的不同遗忘曲线,不过他们大体上都是一致的。

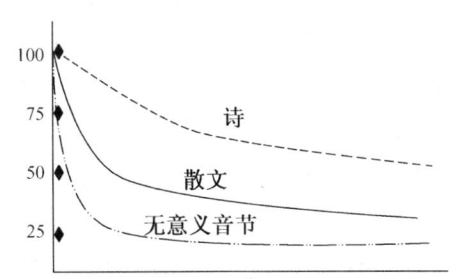

因此,艾宾浩斯的实验向我们充分证实了一个道理,学习要勤于复习,而且记忆的理解效果越好,遗忘的也越慢。

小知识:

艾宾浩斯(1850～1909)

德国心理学家。1837 年获波恩大学哲学博士学位。因受费希纳《心理物理学纲要》一书启发,决心将实验法应用于研究高级的心理过程,并决定在记忆领域做尝试。发明了无意义音节,并用无意义音节和诗作材料,自己做测试,用完全记忆法和节省法对记忆做实验研究。1885 年发表了他的实验报告后,记忆研究就成了心理学中被研究最多的领域之一,而艾宾浩斯正是发现记忆遗忘规律的第一人。

34. 高层主管的烦恼

> 所谓恐惧症是对某种物体或某种环境有一种无理性的、不适当的恐惧感。一旦面对这种物体或环境时，恐惧症患者就会产生一种极端的恐怖感，以致会千方百计地躲避这种环境，因为他害怕自己无法逃脱。

奥布茹·威廉姆斯大学毕业之后，就投身销售业，第一份工作是在一家日用品公司做市场业务员。他每天要到所辖区域的超市、百货店去查询他们公司代理的日用品上柜情况，最关键的是要不遗余力地进行推销，让商家征订他们公司的货。用 Boss 的话说，就是要利用一切手段把同类公司乃至同事都给排挤出局，才是成功的销售个案；而且业绩是直接与个人薪资挂钩的。

那时候，他总要和客户絮叨其他同行的坏话，说他们产品质量差、售后服务糟糕；在公司里，同事间经常想方设法互相向老板打小报告，比如看见某某上班时间在逛街；甚至捞过界，到同事的地盘里抢拉客户等。反正，老板关心的是业绩，只要能赚钱，就算底下人狗咬狗也无所谓。于是，同行相轻、同室操戈，公司弄得像战场，同事见面跟敌人似的，感觉工作起来很没意思。

他在这家公司干了几年之后，又来到美国佐治亚州的一家高科技公司做业务员，负责业务洽谈。由于这家公司的制度比较不错，使得他在很短时间内，把业务做得出色而从中脱颖而出，成为高层主管。

这样一来，他就需要经常出差，整天飞来飞去。旅行包也因此而成了他随身必备的装备。不过，他并不在乎这些。在他看来，年轻人嘛，就应该有吃苦耐劳的精神，何况是像他这样总希望自己能够成就一番大事业的人呢！

自从来到这家公司之后，在事业上，一直一帆风顺，然而，最近却发生一些让他无法坦然的事情。上个月他在坐飞机出差时，突然感到胸很闷，心里莫名地紧张，气也快接不上来。然而，情况还在继续恶化，从那次之后，他每次坐飞机时都有一种莫名的恐惧，有时候竟然连飞机都不敢坐了。

34. 高层主管的烦恼

他在看了几家医院之后,不得不来到心理治疗中心。等他向心理医生讲完所有的情况之后,便问道:"医生,这究竟是怎么回事儿?我本来就是做业务的,根本就不可能不坐飞机啊?现在我已经申请了休假。难道真的要我把工作辞掉吗?如果不做这样的工作,我就不会有问题了吗?我到底该怎么办呢?"

从以上情况看来,奥布茹·威廉姆斯患上了恐惧症。所谓恐惧症,就是明知没有危险,还是难以克服对某些事物强烈的恐惧情绪。发作时往往伴有显著的植物神经症状:被一种强烈的情感所袭击,突然脑袋中一片空白,然后全身麻木,瞳孔放大,脸上肌肉开始痉挛,表现出极为惊恐的表情……

恐惧症表现形式多样,通常情况下可分为场所恐惧症(如恐高症)、社交恐惧症(害怕人多的场合以及与人打交道)、物体恐惧症(如恐蛇症)以及自然现象恐惧症(害怕雷电)等几个方面。当然由此衍生出来很多症状,例如:婚姻恐惧症、性交恐惧症、爱情恐惧症、儿童上学恐惧症、年龄恐惧症等。治疗恐惧症除了多了解一些科学知识、转移注意力、放松等方法之外,心理学家还采用系统脱敏暴露疗法来进行治疗。

小知识:

唐纳德·坎贝尔(1918~1996)

美国实验心理学家,进化哲学和社会科学方法论的重要思想家之一,进化认识论的奠基者。1970年获美国心理学会颁发的杰出科学贡献奖,1973年当选为美国国家科学院院士,1975年当选为美国心理学会主席。

35. 纠缠不清的忧郁症

> 抑郁症是一种以抑郁情绪为突出症状的一种心理疾病。抑郁以忧郁和厌世心理特点表现突出，病人有凄凉感，常唉声叹气，对人和事物失去兴趣，此病症严重时，人会感到强烈厌世，甚至有自杀念头。著名心理学家马丁·塞利曼将抑郁症称为精神病学中的"感冒"。

二十五岁的珍妮小姐，是位认真负责、自我要求很高的女孩，她在工作上面也表现得非常出色，因此，不断获得上司赏识而升迁。然而，珍妮并没有因此而快乐，反而在最近一个月来渐渐觉得对任何事都提不起精神，有时候甚至莫名其妙地流起了眼泪。

每天晚上，在睡觉的时候，总是难以入睡。有时候即便是睡着了，也会在夜里断断续续地醒来好多次，而且，每天都是睡到三四点的时候，就再也无法入睡了。然而，更让人担忧的是，最近这段时间，她整个人都变了，不再像以前那样活泼开朗，而且，总觉得头昏脑涨、胸闷心慌、腿脚酸软、疲乏无力、无法集中精神，从而，导致许多她原本非常擅长的工作，现在却是错误连连。

珍妮不知道这究竟是怎么回事儿，她害怕极了，以前那些她非常喜欢的各种娱乐活动现在都没有兴趣参加，整天闷闷不乐、再好的事情也高兴不起来，胃口不好，体重明显下降，脑子也开始变得迟钝了。于是，她感觉自己是个没用的人，对家庭、对公司都是累赘，甚至感到做人没意思，想一死了之，自杀的想法也常常在脑中盘旋。对此，家人和朋友都非常焦急，带着她到处求医，纽约的大医院都跑遍了，虽然花了巨额检查费用，但都毫不

35. 纠缠不清的忧郁症

见效,用了许多药物也不管用。

她面对如此困境不知如何是好,而低落的情绪则悄悄地蔓延在她生活中的每一秒。

最后,朋友怀疑她可能得了忧郁症,就赶快拉着她到精神科的门诊求助。心理医师诊治后给她抗忧郁剂治疗,加上身边亲友不断地支持鼓励,渐渐地珍妮又开始恢复以往的笑容,而且,工作效率也逐渐恢复到了以往的水平。

由珍妮的案例,我们可以看到这是一个典型的忧郁症个案。

抑郁症是一种以抑郁情绪为突出症状的一种心理疾病。抑郁以忧郁和厌世心理特点表现突出,病人有凄凉感,常唉声叹气,对人和事物失去兴趣,常头痛、心烦、多恐慌梦、乏力、腹泻等,此病症严重时,人会感到强烈厌世,甚至有自杀念头。

导致抑郁症发生的病因,一般以明显的精神创伤为诱因,如生活中的不幸遭遇、事业上的挫折、不受重用、人际关系不佳等。抑郁症也与人的性格有密切联系,此类病人的性格特征一般为内向、孤僻、多愁善感和依赖性强等。抑郁症对人的危害是很大的,它会彻底改变人对世界以及人际关系的认识,甚至会以自杀来结束自己的生命。有学者研究认为,自杀身亡的前苏联著名小说家法捷耶夫、日本著名小说家川端康成、美国著名小说家海明威和台湾女作家三毛等人,身前都患有抑郁症。

小知识:

布朗(1925～1997)

美国心理学家,因对儿童是如何学习语言的以及词语是如何指代事物的等方面的研究而著名。另外,他撰写的社会心理学和普通心理学课本影响十分广泛。1972年当选为美国国家科学院院士。

36. 玛吉老师的苦恼

> 所谓"魔法思想",照人类学家弗莱泽的说法是"人们将自己理想的次序误认为即是自然界的次序,而幻想经由思想作用即能对外在事物做有效的控制"。

在美国的夏威夷,有一位32岁的玛吉女士,在一家私立中学做了6年的物理教师。6年以来,一直都非常平静。但最近这段时间却不知为什么,她心里总是萦绕着一个可怕的念头,觉得自己如果触摸到了别人,或别人拿了自己触摸过的东西,对方就可能会因此而生病或遭遇不幸。

这给她的教学带来很大的困扰,因为她必须教学生物理,她担心学生动了她的教学器具和试验设备,就很有可能发生什么问题。每次在她的物理课上,如果有学生缺席,她就觉得,学生之所以没有来上课,是不是因为动了她的试验设备而中毒了呢?为此,她总是忐忑不安,精神恍惚。

有段时间,她的头皮底部长了一块红疹,她也觉得这是梅毒的初步表现,一再担心梅毒迟早会侵入她的脑中,从而使她变成一个可怜的白痴。

除了强迫性思想外,她也出现了一些强迫性行为,因为怕自己的手污染东西,所以她一再地洗手,而且对那些自己明明已经做好的事,譬如关煤气或水龙头等,她也一再地回头去检查,以确定是否真的将它们做好。

在接受治疗期间,负责给她治疗的心理医生,发现她是一个高度敏感、很有良心,但也颇为自我中心的女性,以优秀的成绩毕业于某专科学校。大约三年前,她和一个学历比她低的男人结婚,可婚后不久,她就对丈夫感到非常失望。她觉得丈夫谈吐粗俗、不懂餐桌礼仪、极度缺乏社交体面,这使她心生排斥,而逐渐以一种冷淡,甚至残酷的态度来对待丈夫。

在郁闷与不满中,她终于发生了感情走私事件,但因为她是一个很有道德意识的人,因此,严重违背其道德教养的外遇让她心里极度不安。

36. 玛吉老师的苦恼

一段时间过后,她慢慢了解到丈夫其实是一个很好的人,而其他人也都给她丈夫很高的评价。更重要的是,她到现在才发现自己其实很爱丈夫,于是她一改过去的冷淡,而开始以柔情对待他。

她一方面对自己过去对丈夫的残酷和不忠产生强烈的自责,认为那是不可原谅的;另一方面则将丈夫越捧越高,认为自己的丈夫是"打着灯笼也找不到的",反而是自己"配不上他"。最后,竟然语带悲伤地对医生说:"上帝知道他说的一句话值得我五十句话,如果我够真诚的话,我会劝我丈夫离开我。"

强迫性精神官能症患者的强迫性思想和行为常具有原始的"魔法思想"特色,上面案例中的玛吉老师觉得自己若"触摸"到别人,别人就会生病,这跟不少原始民族认为来月经的妇女若触摸到他们,他们就会生病,或触摸到他们的猎具,他们就会打不到猎物一样,都是建立在心理联想上的"魔法思想",而想借洗手来洗清自己罪恶的想法和做法,当然也是如出一辙,它们都属于一种较原始的心理功能。

小知识:

扎荣茨(1923~　　)

　　美国社会心理学家,因研究出生次序、家庭规模等因素对儿童智力发育的影响以及社会促进等问题而著名。1978年获美国心理学会颁发的杰出科学贡献奖。

37. 黛安娜王妃的暴食症

> 暴食症是一种饮食行为障碍的疾病。患者经常在深夜、独处、无聊、沮丧和愤怒的情况下，引发暴食行为，无法自制地直到腹胀难受才可罢休。暴食后虽然暂时得到了满足与安全感，但马上又产生了罪恶感、自责感，使其利用不当的方式（如：催吐、节食或过度激烈运动）来清除已吃进的食物。

英国王储查尔斯和黛安娜王妃的童话式婚姻于1996年正式结束，戴妃婚后一直饱受查尔斯和卡米拉的婚外情、暴食症和抑郁症等困扰，多次企图自杀。

想必很多人都还记得，黛安娜王妃在接受采访时的一幕：高贵的王妃微微颔首，一双淡蓝色的眼睛向上抬起，流露出无限的忧郁，讲述着不愉快的婚姻和皇室生活压力，使她在相当长的时间里陷入了厌食和贪食，多次自杀、割腕、撞柜子……就是这份哀怨，使英国人再也无法原谅他们未来的君王。

在婚礼的前夜，黛安娜的情绪好了很多，因为她收到了查尔斯王子送给她的礼物。礼物是一枚刻有查尔斯名字的戒指，并附带着一张情意绵绵的卡片，上面写道："当你出现时，我会为你感到骄傲，明天我在教堂等你。在观众面前别紧张，要敢于正视他们。"

这张卡片的确有助于抚慰黛安娜的不安，然而，它却不能完全平息几个月来郁积在她心中的苦恼。那天晚上，她吃了好多的食物，然后病倒了。这在很大程度上是由于紧张的生活气氛和环境所致，但王储与卡米拉互赠礼物一事也是她患神经性贪食症的一个因素。这种病在以后的岁月里对她的身体损害极大。

在黛安娜日后的宫廷生活中，虽然黛安娜依旧是身材修长、亭亭玉立、婀娜多姿、美丽动人，然而，她却因为冲突、焦虑、痛苦、忧郁等，使得她患上了多种心理障碍。因此，她经常要吃很多食物，有时候，她甚至要溜进厨房寻找食物来快速地填入腹中，而这些东西，也成为了她个人生活中的一大特点。

食物是我们每天都在接触的东西。它可以是一份享受，它也可能成为问题的

37. 黛安娜王妃的暴食症

根源。以上故事中，黛安娜王妃患的是心因性暴食症，通常被简称为暴食症，它的特点就是暴食——在短短的时间内，吃下大量食物，然后再想办法排除食物的热量，清除这些食物。

暴食症大部分发生于女性。当我们听到暴食症这个名词，很容易联想到一些胖得快要走不动的女人。其实不然！

暴食症患者并不是胖子，她们的体重往往都在正常的范围内，也许胖一点，也许瘦一点。只是她们的体重波动会比较大，短短的一段时间内，体重可能会有四至七公斤的波动。

暴食症患者往往很容易感受到焦虑，每当焦虑就习惯用食物来进行发泄。同时暴食症患者的自尊较低，对自己缺乏信心，她就会非常极端地用身材来评价自己。只要自己一胖起来，她就觉得自己丑得要死。

治疗暴食症不像治疗感冒一样，吃点药过一段时间就好了。它比较像戒烟和戒酒，需要持续的努力和警觉。其治疗，首先要改变个体吃东西的模式，然后解决她生活中的压力，并最终改变她出现偏差的想法。

小知识：

托尔文（1927～　）

认知心理学家，在人类记忆方面的研究世界著名。他将长时记忆分为情景记忆和语义记忆，并认为记忆的存储和提取是两个彼此独立的功能。1983年获美国心理学会颁发的杰出科学贡献奖，1988年当选为美国国家科学院院士。

暴食症的基本特点：

1. 暴食，而且能够意识到自己吃东西的模式是不正常的。2. 反复透过严格的节食，自我催吐，使用通便药、泻药、灌肠剂、利尿剂或过度运动，达到减肥的目的。3. 暴食和清除食物的行为比较频繁，平均每星期至少两次。4. 在大吃后伴随着自我贬低的想法。5. 在自我评价时过度关注体形和体重。

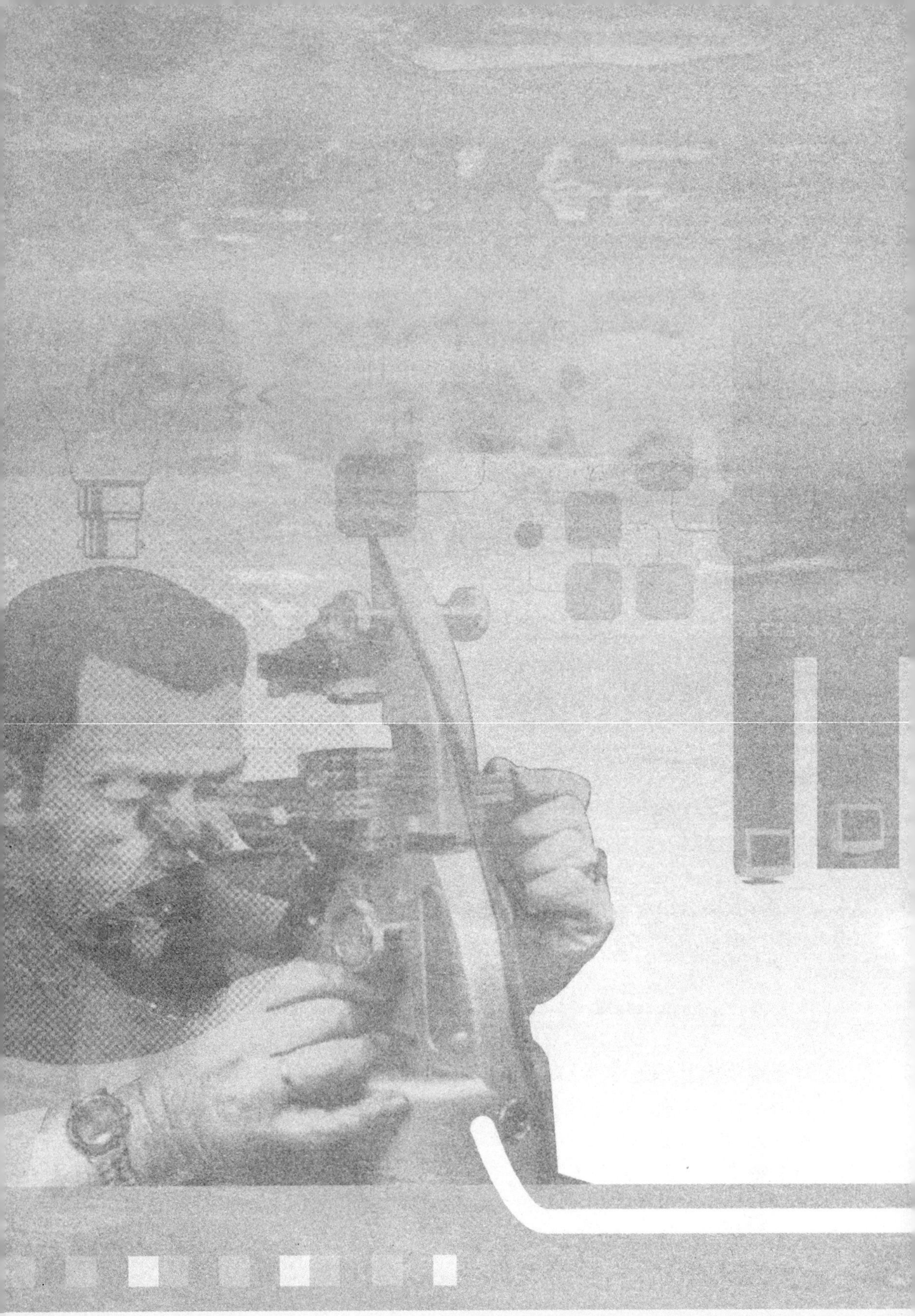

第二章

社会心理学

　　社会心理学就是研究与社会有关的心理学问题的科学。

　　由于社会心理学是跨越心理学和社会科学交错领域的一个分支学科,因而社会心理学就有两个研究途径。即从社会科学出发面向心理学方面的研究,实际上是一种社会学研究,可称为心理社会学;还有从心理学出发面向社会科学方面的研究,主要是属于心理学的研究,即名副其实的社会心理学。现在有人把它们当作一个学科,我们认为,是不妥的,不利于不同学科的各自发展。社会心理学和心理社会学,应该以各自独立的学科开展研究,才利于它们的发展。

　　社会心理学的研究内容主要是:研究人的一生全部心理的发展变化及其一般的表现;研究人与人所受社会环境影响的关系;探讨人与人之间的关系等等。

　　本章的目的是帮助学生了解社会环境因素和人与人之间的关系。透过对人的心理作用,达到增强人体健康和防治疾病的目的。

38. 他为什么跳楼

> 如果一个人看到别人的生命与财产遭到威胁时，他往往会感到自己责无旁贷；在需要帮助的时候，他会毫不犹豫地付出，甚至是自己的生命。若多数人一起，往往会导致人们产生冷漠行为，做出荒唐、可怕的事来。

在日本福冈，有位精神分裂症患者从医院逃回家里之后，家人们都极力打算把他再次送入疯人院。结果，患者恼怒之下爬上九楼的屋顶准备自杀。他的行为立刻引来了近两千多人的围观，这些观众全都围在楼下，而那些消防、警察们也全都展开了营救行动。但是，由于患者的情绪非常激动，任何一丁点的忽视，就会导致非常严重的后果。就这样，双方逐渐形成了对持状态。

时间在一分一秒地流逝着，将近三个多小时过去了，警察仍无法采取有效措施。这时候，围观的人们有些不耐烦了，人群中不断有人大声起哄和嘲笑，起哄的人也越来越多，其中，有一多半中青年人都在那里大喊："跳啊，跳啊！""跳完了我们还要回去工作呢！""孬种，不敢跳你还上那么高？""不敢跳的话就赶快滚下来，你不配做我们大日本国的子民！"……

叫喊声此起彼伏，但却没有一人对患者加以劝说和开导，反而都希望和催促他快点跳下来。这时候，患者从心理上已经开始绝望了，他气愤地抓起一块砖头，使劲地向楼下起哄的人们砸去。然而，这一砸，不仅没有砸醒那些对生命冷漠、麻木的人们的良知，反而使他们变本加厉地叫骂起来。现场一小部分有良知的人们和警察都很气愤，但又不能对起哄者做出处理，只能厉声制止。

38. 他为什么跳楼

这时候,患者已经丧失了赖以维系其情绪和心理平衡的外在支持,觉得自己陷入了一个无法忍受的情境中,感到痛苦不堪,不能自持,于是放弃了希望。他彻底绝望了,终于在一片起哄声和催促声中,突然纵身跳下,随着一声闷响,当着众人的面,重重地摔在了冷冰冰的水泥地上,经抢救无效身亡。

这时候,人群中居然传来了喝彩声:"好!有我们武士道的精神,敢作敢为。"这件事给患者的父亲造成了很大刺激,虽然已经事隔多年,每每提及,他都会对众人的冷漠愤慨万分,嘴里不停地念叨着:"是他们'杀'了我的儿子。"

而这样的悲剧,就是从众心理和冷漠行为造成的。面对着众多的围观者对于人命关天的事,却怀着看热闹取笑的心态。因为很多人从来就没有目睹过自杀这一惊心动魄的场面,也好给自己索然无味的生活增添一些茶余饭后的"见闻"和"聊资"。

"杀死"年轻人的是起哄者的三种心理:

第一是"从众行为"。社会心理学认为,从众行为是由于在群体一致性压力下,个体放弃自己的道德原则,改变了原有的态度,采取与大多数人一致的行为。个体寻求一种试图解除自身与群体之间冲突,增强安全感的手段。而"随大流"、"人云亦云"总是安全的,不担风险的。所以在现实生活中不少人喜欢采取从众行为,以求得心理平衡,减少内心冲突。

第二是"责任分散"。即当很多人共同面对一个任务或者一件事情的时候,人越多,个人需要承担的责任就越小,个人隐藏在群体中,往往出现偷懒或者冷漠等消极的心理状态。单独的个体往往更具有道德责任感,并更有可能做出利他行为。如果一个人遇到他人需要帮助的情况,他往往会感到自己责无旁贷,而毫不犹豫地付出,有时甚至是生命。而多数人一起往往会导致人们产生冷漠行为,做出荒唐、可怕的事来。他们往往认为,反正帮助的责任不会单单落到自己一个人的身上,出了事也不会是我一个人负责,有大家呢。

第三是"冷漠行为"。在紧急、危险的情况下,个人明知他人受到生命和财产的威胁而需要得到自己帮助时,却持坐视不救、袖手旁观的态度。譬如像本故事中的年轻人在既想自杀解脱又欲求生的矛盾心理驱使下,面对着众多的围观者对于人命关天的事却抱着事不关已的态度,怀着看热闹取笑的心态,最后选择了纵身一跳。

39. 黑猩猩的政治

> 研究动物心理的发生和发展属于动物心理学或比较心理学的范围，与生物学特别是动物学相交叉。动物心理发生和发展的历史是人类心理发展的前史。动物心理学研究从低级动物到类人猿为止的心理是怎样发生的，又是怎样在适应自然的情况下逐步从低级形态（受刺激性）向高级形态（思维的萌芽）发展的。

在荷兰的一家动物园中饲养着25只黑猩猩，最初头号雄性叫做麦克，二号叫马力，三号是一只年轻的猩猩叫做杰里。麦克享有首领的一切权利和尊荣：它可以优先进食，可以指挥其他的猩猩，所有的雌性猩猩都是它的王妃，当他竖着毛，迈着沉重而有节奏的步子走向任何一只猩猩的时候，没有谁敢坐着不动，都要起来给他让路。

不久，二号马力开始向麦克示威——跺脚拍地围着他转，甚至敢在他面前与雌性交配。马力在一次最猖狂的示威中，响亮地拍了麦克一下就跑掉了。麦克似乎不能容忍了，全身的毛都竖了起来，但不去追马力，而是去拥抱在场的每位雌性，特别是狠狠拥抱一个地位最高的叫做妈妈的雌性。

此举之后，这些雌性黑猩猩都起来跟着麦克去追击马力，把他赶到了树上。从此以后，马力不再直接向麦克示威，而是更多地接近雌性，常常追逐和攻击与麦克亲近的雌性。在此期间，杰里也常常冒出来帮助马力，同时，杰里也不再向麦克做恭谨的问候，而对马力更加恭顺了。

39. 黑猩猩的政治

这种变化的过程有段时间,直到麦克越来越孤立,终于在一天夜里,3只雄猩猩在睡觉的笼子中爆发了战争,第二天早上,负了伤的麦克一幅沮丧的样子——它失去了头领的位置。

以后的日子里,麦克和杰里一起向马力献殷勤。但是不久,杰里对马力越来越不恭顺,常向它竖毛示威。最终,麦克和杰里站到了一起,雌性猩猩们也和马力逐渐疏远。马力遭到了麦克曾经受到的那种孤立,时时表现出忧郁和不安的神情。不久在夜里又发生了血腥的战斗,人们发现的时候,马力已经躺在血泊中奄奄一息。在手术台上急救时,发现它的阴囊破裂,睾丸已经不见了,没有活过来。

动物心理是比较心理学家们所关注的内容,他们透过比较人与动物的心理,来解释心理起源和发展的原因。

以上故事是比较心理学家弗朗斯·德·瓦尔在荷兰阿纳姆的一个动物园对黑猩猩进行的长期观察记录的一部分。他对灵长类动物进行潜心研究,其研究著作的题目是《黑猩猩的政治》。他断言,政治是唯一描述黑猩猩复杂的群体关系的词语,黑猩猩们在以我们人类具有的热情追求着它们,"黑猩猩的社会组织太像人类了,简直难以置信"。

每位灵长类学家,都会告诉你黑猩猩难以想象的机敏,一个对另一个的巧妙控制,小的雄性向大的雄性求宠以及同盟的变换和秘密的接管。理论认为,在人类历史的最初阶段,正是这样的社会交往——复杂的等级体制的形成——推动人脑飞跃似的向前发展。

灵长类学家描述黑猩猩行为时写到,居主导地位的雄性具有人的特征,是"克制的、狡猾的、合作的",他们"从来不会打无准备之仗"。黑猩猩还是高度的机会主义者,他们从不像哈姆莱特那样犹豫或拖延时间。如果他们在竞争对手身上看到弱点,他们会立刻加以利用。

猩猩是讲战略的。他们表现出我们人类具有的虚伪和欺骗的本性。德·瓦尔认为,雄猩猩经常形成他所谓的"三人同盟"。德·瓦尔就像描述一个政治风云人物那样,描述了一个德高望重的领头雄猩猩如何被一个年轻的对手赶下权力的宝座,结果岌岌可危的首脑不得不与另一个强大的猩猩结成同盟,推翻觊觎权力的人。

黑猩猩用这样的联盟形成他所谓的"最小获胜联盟"。他指出,雄猩猩结盟是为了获得统治地位,而雌猩猩更愿意与她们喜欢的雌性结盟,尽管这些雌性不一定能帮助她们提高地位。雌猩猩形成一种身份序列然后维持这一序列。同时,她们也需要食物,经常为了食物而交配。

像所有动物一样,黑猩猩从自身基因考虑,选择最恰当的方式交配,欺骗被认为是这种自我利益的不可分割的一部分。一个雄猩猩,在同领头雄猩猩的一个妻妾偷偷交配之后,他会过分热情地拜倒在领头雄猩猩面前,而后者根本就没有注意到发生的一切。如果黑猩猩企图推翻现有秩序,他就会在领头猩猩面前表现得很恭敬,同时秘密地与其他猩猩形成同盟。在权力斗争中寻求群体支持的雄猩猩开始梳理雌性,而且同她们的幼崽玩耍——这是一反常态的,颇像美国总统候选人求宠足球明星的妈妈,亲吻她们的孩子。

小知识:

哈洛(1905~1981)

美国比较心理学家,早期研究灵长类动物解决问题和辨别反应学习,其后用学习定势的训练方法比较灵长类和其他动物的智力水平。曾荣获美国国家科学奖,1951年当选为美国国家科学院院士,1958年当选为美国心理学会主席,1960年获美国心理学会颁发的杰出科学贡献奖。

40. 勒温的"拓扑理论"

> 勒温从格式塔心理学出发，提出动机的"拓扑理论"。其中心概念是"生活空间"，即在某一时间影响个体的所有人物、事件、观念、需求等等。根据对一个人生活空间的认识，可以解释和预测他的行为，勒温把这个理论扩展到集体行为，称为"集体动力学"。他试图用这个理论来解决实际社会问题。

库尔特·勒温（1890～1947），美籍德裔心理学家，拓扑心理学的创始人，心理学的博士、教授。库尔特·勒温以系统地阐述心理学的一种场的理论而闻名。他的场的理论主张，一个人的行为是一种场的机能，这种场是由行为发生时就存在着的各种条件和力量交织而成的。这一理论激起了大量的研究工作，并广泛应用于人格学、社会心理学、儿童心理学以及工业心理学诸领域。

库尔特·勒温1890年9月9日生于普鲁士的波森省一个小村庄。兄弟姐妹四人，他排行第二。父亲拥有并经营一家百货店。1905年，全家迁往柏林，他在柏林上完中小学，准备去弗赖堡大学计划学医，但很快他放弃了这种想法，在慕尼黑大学上了一学期，于1910年回到柏林，在柏林攻读心理学博士学位。

他的主要教授卡尔·施通普夫是一位深受尊重的实验心理学家。勒温在1914年完成博士生必修课，作为步兵在德国军队服役四年，他从士兵一直提升为中尉。战争结束后，他回柏林大学在心理研究所做教员和研究助教。他是一个善于激发学生兴趣的教员，很多学生纷纷跑到他班上，并在他指导下做研究工作。

在柏林大学，他和完形心理学两位奠基人马克思·韦特海默和沃尔夫冈·苛勒相识。他受到他们观点的影响，但没有成为完形心理学家。他也受到弗洛伊德精神分析的影响。1926年，他晋升为教授。在柏林大学期间，勒温和他的学生们出版了一系列精彩的论文。

希特勒掌权时，勒温在斯坦福大学任访问教授。他用很短时间回德国料理私事后又回到美国度过他后半生。他在康奈尔大学任教授两年。之后，他被任命为

87

衣阿华州立大学儿童福利所心理学教授。1944年,勒温接受马萨诸塞理工学院团体动力学研学中心教授和主任的职位。同时,他还是美国犹太人会议的社会关系委员会主任,该会从事社会问题研究。1947年2月12日,他因心脏衰竭于马萨诸塞州纽顿维尔突然逝世,终年56岁。

勒温的心理学研究活动可分为三个时期:(1)在柏林时期,他根据大量有关成人与儿童实验,提出了他的动机理论。他着重研究和分析了学习和知觉的认识过程、个体动机和情绪的变动等问题。(2)在衣阿华州立大学时期,勒温的理论兴趣和研究重点放在奖励、惩罚、冲突和社会影响等人际过程。他进行了关于领导、社会气氛、群体标准和价值观念等群体现象的研究。在这时期的重要成就之一,是关于民主与专制领导条件下的儿童群体的研究。(3)在马萨诸塞州理工学院群体变动研究中心时期,他分析了技术、经济、法律和政治对策群体的社会约束,研究了工业组织中的冲突与群体之间的偏见和敌对行为等方面的问题。

勒温对现代心理学,特别是社会心理学,在理论与实践上都有巨大的贡献。这表现在:他在意志动机方面进行了大量的研究,弥补了格式塔心理学在情绪与意志方面研究的不足。他对志愿水平问题进行了深入的实验研究,这些研究证明人们在活动中成功或失败的体验很大程度上取决于人的志愿水平。

他很重视社会心理学的研究。他的实验证明,在民主领导作风下工作效果比在专制或放任的作风上都要好;他最后的一大成就,就是他为群体动态研究中心设计了"行动研究"计划。他接触了许多组织与个人,这些组织和个人都希望改进工业与社会团体中的群体关系,因此,他认为有必要进行研究。

勒温曾提出心理学的许多理论。他认为应该用"拓扑学"和"向量分析"的概念来阐明心理的现象。

拓扑学可以帮助了解在一特殊的生活空间之内可能发生某些事件,不可能发生某些事件,而向量分析是进一步明确在一个特殊的个案之内,哪些事件有可能实现。

因此,勒温的心理动力学体系,包括拓扑学心理学与向量心理学,是一种数学主义的心理学。勒温还提出"张力"学说,认为当一个具有一定的动机或者需要已得到满足或实现,张力减弱;反之,需要得不到满足,动机客观受到阻止,则张力增加。勒温还提出"行为的动力"的理论,认为推动行为的力量是需要和意志,进而提出"障碍学说",认为对于心理移动具有抵抗作用的疆界,叫做障碍,障碍可按抵抗的程度而有不同的强度。他还提出一系列的"人格组织"等理论。

41. 漂亮的优势

> "光环效应"是指由于对人的某种质量或特点有清晰的知觉,印象较深刻、突出,从而爱屋及乌,掩盖了对这个人的其他质量或特点的认识。这种强烈知觉的质量或特点,就像月晕形式的光环一样,向周围弥漫、扩散,所以人们就形象地称这一心理效应为"光环效应"。

美国某位心理学家曾经有这样一个试验:他请了四名演员来协助他们的研究,两男两女,其中一名男士英俊潇洒,另一名则比较普通,但并不难看。两名女性中,也是一名如花似玉,另一名长相一般。

在应聘之前,心理学家特意地把他们的学历背景,工作经验全都做得基本一样,还对他们进行了训练,使他们在面试时表现一致。在他们的安排下,每次都是长相普通的面试在先,然后是长相出色的。

女士面试的职位中有一个是公司前台的接待员。长相一般的女演员先面试的时候,面试者是位男士,先问其打字速度,女士回答说每分钟五十字,错误为零,面试者连声说不错不错。面试者告诉对方,本公司的作息时间是朝九晚五,中午一小时午餐时间,一点钟准时回公司上班。该类工作的薪水一年是 35 000 美元左右。结束时面试者说,他对她的技能很佩服,下星期一会给她回话。

第二天,长相出众的女士去同一公司面试,着装、公文包与那位长相平平的女士完全一样。她坐下来没几分钟,面试者突然压低了声音,问她在别的地方还有没有面试,她点头说还有几个,面试者就很严肃地问她能不能将其他的面试取消,因为他已

89

决定录用她,同时告诉她公司的午餐为一小时,但又说,其实这个时间可以灵活掌握的。他又说,该工作的薪水每年是 37 000 美元左右,希望她能答应上班。

接连三个面试下来,情况都相似。于是,心理学家推测是不是因为面试者是男性,所以对女性的容貌特别敏感,于是他们为两位女士应征了主管是女性的工作。那位女主管也要招一名接待员,在面试长相出众的女演员时,她说:"我觉得你做接待员有点大材小用了,看你的外表,我觉得你做我的私人秘书会更合适。"私人秘书比接待员要高几级,没想到这位女主管更易受容貌的影响!

而两位男士那边,他们去面试的工作中其中有一个是股票经纪人。先是那个长相普通的男士前去面试,面试者问了几个简单问题后,就说:"我觉得你还不错,下星期一等通知。"然后便轮到长相英俊的男士面试。该男士在走廊里就碰到了面试者,面试者一看见他,就脱口而出:"你长得就像一个股票经纪人!"几个简单的问答下来,面试者就对他说,"你下周一可以来上班了,现在去人力资源部办手续。"

心理学家在实验结束后,邀请四位演员以及他们的面试者一起商讨关于容貌对就职的影响,结果只有那位面试前台接待员的男士和那位面试股票经纪人的男士来了。心理学家先问那位前台接待员面试者,为什么录用了长相出众的女演员?面试者矢口否认是看中了女演员的容貌而录取了她。

为什么容貌会产生如此的效应呢?心理学家分析,这是所谓的"光环效应"。就是说,当我们看到一个长相出色、气质不凡的个体的时候,常常会情不自禁地将其他一些良好的品质加诸于他/她,比如容貌好的人嗓音也格外甜美,回答问题的水平也高过常人。

为什么容貌会产生如此的效应呢?在日常生活中,我们会常常遇到这样一种现象,当一个人对另一个人的某些品质有了好的印象之后,就会认为这个人一切都好;反之,若先发现了某个人的某些缺点,就可能认为他什么都不好。

总之,这个人某一方面的优点就像给他戴上了一个闪亮的光环,使得他其他方面也变得更加完美了。这种现象在社会心理学中被称为"晕轮效应"或"光环效应"。

晕轮效应在生活中比比皆是,我们平常所说的"爱屋及乌""以貌取人""一叶障目,不见森林"等,都是这种效应的典型例子。

社会心理学家戴恩曾经做过这样一个试验,分别向人们出示长相漂亮、一般和丑陋的人的照片,要求实验对象就几项与长相无关的特性对照片上的人进行评价,比如是否合群,是否能做一个称职的丈夫或妻子,做父母的能力及社会和职业的幸福感等,结果是长相漂亮的人几乎在所有项目上得到的评价都最高,而长相丑陋的人则得到的评价最低。中国人所谓的"相由心生"也是这种假设的一个例证。

42. 让他变得更富有

> "马太效应"指任何个体、群体或地区,一旦在某一个方面(如金钱、名誉、地位等)获得成功和进步,就会产生一种积累优势,就会有更多的机会取得更大的成功和进步。

"让有的变得更富有,没有的更加一无所有。"这句话是用来形容马太效应的,马太效应出自《圣经·新约·马太福音》。

其中讲了这样一个故事:一个国王在远行前,交给三个仆人每人一百金币,并吩咐他们说:"你们拿着这些金币去做生意吧,等我回来之后,你们再来见我。"

过了很长一段时间,国王回来了。于是这三个仆人就一起前来面见国王。第一个仆人首先跪倒在地,对国王说:"主人,你当初交给我的那一百金币,我把它用来做生意了,现在我已赚了一千金币。"

见到这种情况,国王非常高兴,立刻下令送给他十座城邑,以此来作为奖励。

接着,第二个仆人也向国王报告说:"主人,你当初给我的那一百金币,我也把它用来做生意了,现在,我已赚了五百金币。"

国王微笑着点了点头,说:"不错,我现在也送给你五座城邑,以此来表示对你的奖励吧!"

到第三个仆人给国王做报告的时候了,他也像前两位一样,跪在国王面前,说:"主人,你当初送给我的一百金币,我总是害怕丢失,因此,我一直把它包在毛巾里存放着,现在,我就把这些金币交还给你吧。"

本来这个仆人觉得,国王肯定会像前面一样,封赏给自己几个城邑。可是,他发现国王非常生气。

就在他跪在那里发抖的时候,国王已经命令士兵把他的那一百金币抢了过来,然后把他赏给了第一个仆人,并且说:"凡是少的,就连他所有的也要夺过来。凡是多的,还要给他,叫他多多益善。"

另外，美国还曾经流传着这样一个故事：

在美国乡村里住着一个老头，他和儿子相依为命。有一天，他的老同学亨利路过此地，前来拜访他。亨利看到他的儿子已经长大成人了，于是，就想帮他一把，就对他说道："亲爱的朋友，我想把你的儿子带到城里去工作怎么样？"

没想到这位老人连连摇头，说："亨利，虽然我们是同学，可这件事情绝对不行，绝对不行！"

亨利笑了笑说道："那如果我在城里给你的儿子找个女朋友，这样应该可以了吧？"

老人还是摇头："不行！没有我儿子的同意，我是从来不干涉他的事情的。"

亨利又接着说道："可这姑娘是欧洲最有名望的银行家罗斯切尔德伯爵的女儿呢？"

老农说："嗯，如果是这样的话……"

接着，亨利就找到罗斯切尔德伯爵，恭敬地对他说："尊敬的伯爵先生，我为你女儿找了一个万里挑一的好丈夫。"

罗斯切尔德伯爵忙婉拒道："亨利，我知道你是好意，可是，我女儿还太年轻了。"

亨利说道："可这位年轻小伙子是世界银行的副行长啊。"

"嗯……那如果是这样的话……"

基本上，两家现在是没有任何问题了，可老农的儿子连工作都没有呢，更别提什么世界银行副行长了。不过，亨利有的是主意。

又过了几天，亨利又来到了世界银行总裁的办公室里，对他说道："尊敬的总裁先生，你应该马上任命一位副总裁！"

总裁立刻摇着头说道："不可能，这里这么多副总裁，我为什么还要任命一个副总裁呢，而且必须马上任命？"

亨利微笑着说道："那么，如果你任命的这个副总裁是银行家罗斯切尔德伯爵的女婿，这样是不是就可以了呢？"

总裁先生当然同意："嗯……如果是这样的话，我绝对欢迎。"

亨利之所以能够让农夫的穷儿子摇身一变，成了金融寡头的乘龙快婿和世界银行的副行长，根本的原因就在于他充分利用了人们的一种心理：宁可锦上添花，绝不雪中送炭。

《圣经》中"马太福音"第二十五章有这么几句话："凡有的，还要加给他让他多余；没有的，连他所有的也要夺过来。"1973年，美国科学史研究者莫顿用这句话概括了一种社会心理现象："对已有相当声誉的科学家作出的科学贡献给予的荣誉越

42. 让他变得更富有

来越多,而对那些未出名的科学家则不承认他们的成绩。"莫顿将这种社会心理现象命名为"马太效应"。

社会心理学家认为,"马太效应"是个既有消极作用又有积极作用的社会心理现象。

其消极作用是:名人与未出名者干出同样的成绩,前者往往受上级表扬,记者采访,求教者和访问者接踵而至,各种桂冠也一顶接一顶地飘来,结果往往使其中一些人因没有清醒的自我认识和理智的态度而居功自傲,在人生的道路上跌跟头;而后者则无人问津,甚至还会遭受非难和忌妒。

其积极作用是:其一,可以防止社会过早地承认那些还不成熟的成果或过早地接受貌似正确的成果;其二,"马太效应"所产生的"荣誉追加"和"荣誉终身"等现象,对无名者有巨大的吸引力,促使无名者去奋斗,而这种奋斗又是必须明显超越名人过去的成果才能获得的荣誉。从这个意义上讲,社会的进步和科学上的突破还真与"马太效应"有点关系。

小知识:

罗伯特·莫顿(1944~)

美国科学史研究者、著名社会学家,1997年诺贝尔经济学奖获得者。他的理念是"贫者越贫,富者越富"。

43. 孩子们受到的不公正待遇

> 每个人都力图使自己和别人的行为看起来合理，因而总是为行为寻找原因，一旦找到足够的原因，人们就很少再继续找下去，而且，在寻找原因时，总是先找那些显而易见的外在原因，因此，如果外部原因足以对行为做出解释时，人们一般就不再去寻找内部的原因了。

在一个风景秀丽的小乡村里，有位老学者在那里修养。刚开始的一段时间里，这里非常安静，但不知道从哪一天开始，住在附近的几个孩子总爱到这里玩耍，整天在那里互相追逐打闹，喧哗的吵闹声经常让老人无法好好休息。于是，老人不时地出来阻止，但是过了好长时间却根本就不管用。

有一天，老人想到了一个办法。于是，他把孩子们都叫到一起，然后拿出一些零钱，并告诉他们，谁叫的声音越大，谁得到的报酬就越多。于是，十多个孩子就在那里拼命地叫着。而老人也根据孩子们每次吵闹的情况，给予他们不同的奖励。

在这种情况一直延续了3周左右之后，来这里吵闹的孩子们已经习惯了这种获取奖励的方式。这时候，老人开始逐渐减少所给的奖励，立刻有的孩子就不同意了，他们觉得不应该减少自己的奖励。但无论他们怎么说，老人始终不妥协。孩子们没有办法，觉得奖励虽然少点，可也总比没有奖励要强得多了。结果，又经过了一周左右之后，老人拒绝向他们支付奖励。最后无论孩子们怎么吵，老人一分钱也不再给了。

于是，孩子们全都认为这实在是太可气了，自

43. 孩子们受到的不公正待遇

己受到的待遇越来越不公正，于是，觉得"不给钱了谁还给你叫，那样不是明摆着自己吃亏吗"？从此之后，孩子们再也不到老人所住的房子附近大声吵闹了，即便有时候路过老人住的地方，也全都静悄悄地离开了，他们认为，就应该这样报复老人对自己的不公正。

其实，文中的老人所利用的，正是社会心理学上所说的"过度理由效应"。老人提供了一个虽然说服力并不是很强，但对孩子有足够吸引力的理由，把这些孩子引进了一个心理学上的一个误区，使他们如果只用外在理由（得到报酬）来解释自己的行为（吵闹），那么，一旦外在理由不再存在（没有报酬了），这种行为也将趋于终止。

这一效应是由心理学家德西发现的。1971年，德西和他的助手使用实验方法，很好地证明了过度理由效应的存在。他以学生为实验对象，请他们分别单独解决诱人的测量智力的问题。

实验分三个阶段：

第一阶段，每个实验对象自己解题，不给奖励。

第二阶段，实验对象分为两组，其中一组实验对象每解决一个问题就得到一美元的报酬。

第三阶段，自由休息时间，实验对象可以自由活动。目的在于考察实验对象是否维持对解题的兴趣。

最终结果显示，与奖励组相比较，无奖励组休息时仍继续解题，而奖励组虽然在有报酬时解题十分努力，而在不能获得报酬的休息时间，明显失去对解题的兴趣。

实验说明，过度理由将会在每个人的身上都发生作用，人们为了使自己的行为看起来合理，总是喜欢为发生过的行为寻找原因。在寻找原因的过程中，还往往是先找那些显而易见的。如果找到的理由足以对行为做出解释，人们也就不再往更深处追寻了。

小知识：

西蒙（1916～2001）

又名司马贺，美国心理学家，认知心理学的奠基者。西蒙和纽厄尔等人共同创建了信息加工心理学，开辟了从信息加工观点研究人类思维的方向，推动了认知科学和人工智能的发展。曾荣获美国国家科学奖，1953年当选为美国国家科学院院士，1969年获美国心理学会颁发的杰出科学贡献奖，1978年获诺贝尔经济学奖。

44.假病人真医生

> 刻板印象是指人们对于某一类人或事物产生的比较固定、概括而笼统的看法,是我们在认识他人时经常出现的一种相当普遍的现象。

一天,一位衣着整洁、文质彬彬的中年人来到美国东海岸一家著名的精神病院,要求到门诊就医。

他告诉接诊的精神病医生,说自己很多天以来一直"幻听":这些声音时隐时现,时大时小,但"就我所能分辨的是,它们好像在说'真的'、'假的'和'咚咚'"。这位医生初步判断他患了精神分裂症,于是,他被批准住院。

住院后,这位中年人再也没有提及那些声音,而且行为非常正常。但医院的医生仍然说他是精神病患者,护士们还在他的卡片上记录了一个频繁发生的反常行为:"病人有写作行为。"

奇怪的是,和他同病室的几个病人一开始就不这么看,其中的一位甚至说:"你看上去根本不像一个疯子,你可能是个记者,或者是个大学教授。你来医院体验生活的吧?"

这位中年人真的是一位大学教授,而且是一位心理学教授。这位病人说对了,而精神病医生却犯了致命的错误。

这是美国某大学心理研究所进行的一项心理学实验,这项实验主要目的是研究精神病医患之间的相互影响。当时,参加实验的人员除了一位心理学教授之外,还有七名年轻的心理学工作者。他们分别来到东海岸和西海岸的十二家医院,全部声称自己幻听,结果无一例外地被当作精神病人给关进了医院。

住进医院之后,无论是言谈还是举止,都跟正常人一样。就像那位心理学教授一样,这些人在医生的眼里是标准的"病人",有的甚至被视为最危险的"病人",因为他不吵不闹,还不停地写作、记笔记;但在病人的眼里,他们都是正常人,是有学问的人。

正是由于这种特殊的身份,他们得以公开地观察医院医生对病人的态度和行

44. 假病人真医生

为。他们观察的情况令人震惊：

精神病院的医生和护士一旦认为某个病人患有精神分裂症,对于该病人日常生活中的一切举动,一律视为反常行为：写作被视为写作行为；与人交谈被视为交谈行为；按时作息被视为嗜睡行为；发脾气被视为癫狂行为；要求出院被视为妄想行为,等等。结果,他们出院时费了很大的周折,从要求出院并一直做出正常表现平均花费了20天,才得以离开医院。

这种匪夷所思的情况其实是我们社会生活和人际交往中常见的一种心理效应,即刻板印象。所谓"刻板印象"指的是人们对某一类人或事物产生的比较固定、概括而笼统的看法。如,美国极端的种族主义者认为黑人都是懒惰和邪恶的,我们还常听人说的"意大利人比较浪漫"、"女人比较善变"等等,实际上都是给一个人群"贴标签",也就是对这个群体形成了"刻板印象"。

刻板印象的形成,主要是由于我们在人际交往过程中,没有时间和精力去和某个群体中的每一成员都进行深入的交往,而只能与其中的一部分成员交往,因此,我们只能"由部分推知全部",由我们所接触到的部分,去推知这个群体的"全体"。

"物以类聚,人以群分",居住在同一个地区、从事同一种职业、属于同一个种族的人总会有一些共同的特征,因此,刻板印象一般说来都还是有一定道理的。刻板印象毕竟只是一种概括而笼统的看法,并不能代替活生生的个体,因而"以偏概全"的错误总是在所难免。如果不明白这一点,在与人交往时,就会像"郑人买履"的郑人,宁可相信作为"尺寸"的刻板印象,也不相信自己的切身经验,就会出现错误,导致人际交往的失败。

小知识：

乔姆斯基(1928～　)

　　美国语言学家和语言哲学家,创立了转换生成语法理论。这一理论不仅获得语言学界很高的评价,而且在心理学、哲学、逻辑学等方面引起人们普遍的重视。1972年当选为美国国家科学院院士,1984年获美国心理学会颁发的杰出科学贡献奖。

45. 被遗弃的孩子们

> 1937年,劳伦斯在观察小鸡、小鹅的习性中,发现了一种被他称为"印刻"的现象。这是一种快速的、先天的学习,只能在个体生命中一个短暂的"关键期"发生。印刻一旦形成就不能改变,由此产生一种对客体永久性的依恋。印刻的特征在于,个体在发展的某一特殊时期,即关键期,客观刺激能使个体产生最为有效的印刻现象。

在位于英国多塞特郡伯恩茅斯的一个地方,有位名叫奥纳西斯的女孩,把自己刚刚出生的私生子阿瓦罗藏在了顶楼的一个小房间,不许任何人见到。为什么要这么做呢?原来她是一名高二的学生,在和班上的男同学谈恋爱之后,不小心怀上了孩子,最后不得不藏匿在乡下把他生下来。

阿瓦罗在顶楼上只能得到最起码的身体上的照顾。实际上失去了与他人接触的机会,人们发现他的时候,他已经七岁了,但是,不讲话,也不会走路,更不用说如何保持整洁和自己吃东西了。

他的感情麻木,表情也非常呆滞,对任何人都没有一点兴趣。阿瓦罗的情况表明,如果只靠纯粹生物学上的能力,这种能力在使他成为一个完全的社会人的方面所起到的作用是微乎其微的。为了使阿瓦罗能够早日适应社会,研究者付出的努力只取得了有限的成功。5年后,阿瓦罗死去了。不过,他在死前已经知道并学会了一些单词和短语,但从未能讲出一个完整的句子。他还学着摆积木、穿珠子、刷牙、洗手以及玩玩具等。他还学习走路,但走起路来很笨拙。当他12岁离开人世的时候,在智力上也仅仅达到两三岁孩子的水平。

另外,再看看报纸上报导的中国"猪孩"。据说,"猪孩"名叫王显凤,1974年12月23日,王显凤出生在辽宁省台安县一个特殊的家庭中。她的母亲因早年患大脑炎导致痴呆,属中度残疾;她的父亲是聋哑人。小显凤出生后,父亲忙于每天的生计,根本没有时间照顾她,小显凤整天饥一顿饱一顿的,经常饿得哇哇大哭。

45. 被遗弃的孩子们

当王显凤会爬以后,为了能够填饱肚子,便开始摸摸索索地四处找东西吃。有一天她从炕上摔下来,不分东南西北的小显凤不知不觉爬进一窝刚出生不久的猪崽儿中间,她本能地与小猪崽儿一起拱在母猪肚皮下吃起奶来。老母猪似乎并不讨厌这个外来的"孩子"。小显凤吃饱喝足后,和小猪崽儿一起,偎在母猪的怀抱中睡着了。晚上,劳累了一天的父亲在猪身边发现了小显凤。他扒拉开猪崽儿,将小显凤抱回了炕上。谁知,第二天小显凤又回到了母猪身边……

就这样,王显凤正式开始了她与猪为伴的生活。她终日与猪为伍,看到的是猪的形象,听到的是猪的声音,自然模仿的也是猪的行为。

当人们发现她的时候,她已经 11 岁了,在身体发育方面和正常儿童一样,但是,她却喜欢趴在猪身上玩耍,给猪挠痒,等猪吃饱之后,她就躺在猪的身边,大口大口地吸猪奶。而且,在平常她会像猪一样轮流用双腿相互蹭拱,睡觉时也和猪一样打着呼噜。经过智力检测后,发现她的智力水平只相当于 3 岁的儿童。

奥地利习性学家、诺贝尔奖获得者洛兰茨观察发现,刚出生几天的小鹅会追随他们第一次见到的移动物体,无论这个物体是母鹅、母鸭还是洛兰茨,但是如果出生后一到两天还没有遇到追随对象,他们就丧失了这个能力。

洛兰茨据此提出了"关键期"的概念。在幼儿的发展过程中,也有一系列的关键发展期或敏感阶段,又称为学习关键期。在学习关键期内,幼儿能够学得好,或者发展特殊的能力,如演讲。过了学习关键期,相关的学习就会变得非常困难,甚至不可能进行相关的学习,最好的例子就是语言能力的发展。我们知道幼儿学习第一语言非常容易,而成人则比较困难。上面的故事中,阿瓦罗和王显凤如果是在 4 岁之后才被父母遗弃,他们的命运或许会很不一样。

发展心理学的研究发现,智力、语言等各种心理成分的发展都存在一个关键期,也叫做"最佳时期",如果教育者能够利用这个时期,给孩子创设一定的环境,孩子就能得到正常的发展,取得最佳的教育效果,而一旦错过这个时期,则是无法弥补的。智慧能力的发展主要受到遗传和环境交互作用的影响,而且在幼儿时期发展最快,0 到 4 岁是儿童智力发展的关键期。

最新研究发现,智慧能力的起点并不是在出生以后,其实,胎儿早在母体内就已经有学习行为,然后再继续发展。从这点上来看,智慧能力在儿童期发展最快,以后逐渐缓慢,呈递减形式。通常来说,人类智慧能力大约在 4 岁时达到成熟的一半,16 至 21 岁成熟,20 至 25 岁之间达到巅峰。

46.飞机将推迟一小时着陆

> 在向别人提出自己真正的要求之前,先向别人提出一个大要求,待别人拒绝之后,再提出自己真正的比较小的要求,别人答应自己要求的可能性就会增加。这种心理效应被称之为"留面子"。

在美国纽约至法国巴黎的一架航班上,坐满了各国乘客。其中有各地的服装商人,也有无数的美女模特以及一些珠光宝气的贵妇人。他们都是为即将开幕的巴黎服装节而去的。一路上,他们各自谈论着自己感兴趣的话题。

就这样,在这次完美的旅途即将结束的时候,飞机已经到达了巴黎上空,估计马上就要着陆了。乘客们都开始兴奋起来,有的乘客,干脆开始整理自己的衣服了。于是,整个机舱里非常热闹,有的补妆,有的整理杂志、报纸……每个人都希望自己能以干净利索、漂亮妩媚的形象进入巴黎,这样,也许会让自己的整个身心变得轻松愉悦起来。

就在这时候,飞机上的乘务人员向大家报告道:由于机场拥挤腾不出地方,飞机暂时无法降落,着陆时间将推迟一小时。因此,给大家带来了不便,请各位原谅。

乘客们忽然听到这个消息之后,顿时,机舱里就响起一片喧嚷抱怨之声。尽管如此,乘客们也不得不做好在空中等上这令人难熬的一小时的思想准备。

可是让人意外的是,没过几分钟之后,乘务人员又向乘客宣布:本班飞机的晚点时间将缩短到半个小时。

听到这个消息,所有的乘客全都如释重负地松了口气。觉得等半个小时要比一个小时好多了。

又过了几分钟,乘客们还没有从刚才的宣布中回过神来的时候,再次听到机上的广播说:"最多再过三分钟,本机就可以安全着陆。"这一下,乘客们个个喜出望外,拍手称庆。虽然飞机仍是晚点了,但是,乘客们反而感到非常庆幸和满意。

在这个故事中,是"留面子"的心理效应发挥了作用。"留面子"指的是在向别人提出自己真正的要求之前，先向别人提出一个大要求，待别人拒绝之后，再提出自己真正的比较小的要求，别人答应自己要求的可能性就会增加。

心理学家认为，"留面子效应"的产生，主要是因为人们在拒绝别人的大要求的时候，感到自己没有能够帮助别人，损害了自己富有同情心、乐于助人的形象，辜负了别人对自己的良好愿望，会感到一点内疚。这时，为了恢复在别人心目中的良好形象，也达到自己心理的平衡，会欣然接受第二个小一点的要求。

在销售、募捐以及生活中的诸多方面，都可以使用"留面子效应"，但是留面子效应"不是放之四海皆准的，它是否会发生作用，关键在于双方关系的亲密程度以及你的需求的合理程度。如果既无责任，又无义务，双方素昧平生，却想别人答应一些有损对方利益的事情，这时候"先大后小"也是没有用的。同时记住：己所不欲，勿施于人。不要为了一己之私，轻易利用他人的心理。

小知识：

爱德华·琼斯（1928～1993）

美国实验社会心理学家，积极推动社会心理学采用认知心理学的研究方法。他的主要研究是人际感知，并在此基础上对归因理论的发展做出很大贡献。1977年获美国心理学会颁发的杰出科学贡献奖。

47. 家庭主妇的预言

> 人有一种保持认知一致性的趋向。在现实社会中,不一致的、相互矛盾的事物处处可见,但外部的不一致并不一定导致内部的不一致,因为人可以把这些不一致的事物理性化,而达到心理或认知的一致。但是倘若人不能达到这一点,也就达不到认知的一致性,心理上就会产生痛苦的体验。

1954年9月,一个笔名叫玛丽安·基切的家庭主妇在美国一份报纸上宣称,在过去一年多的时间里,她一直在接收来自克拉利昂行星上的超级生物的信息。她传达超级生物的信息说,12月21日,整个北半球将被突如其来的一场大洪水淹没,除了极少数具有坚定信仰的人之外,生活在这里的所有人都将被淹死。

看到这个消息,美国社会心理学家利昂·费斯廷格如获至宝,认为这是一个研究认知失调的天赐良机。当时,利昂·费斯廷格正在研究认知失调理论,并在1956年出版的《当预言落空时》的报告中提出了一个假说:"假设某人真心真意地相信某事或某种现象,并受此信仰的约束,进而采取不可逆转的行动;假设就在此时,确信无疑的证据证明他的信仰是错误的,将会发生什么呢?我的结论是这个人决不会善罢甘休,而是更加确信自己的信仰,甚至比以前更甚。"

费斯廷格认为,基切夫人的公开声明和接下来的事实,肯定是一个活生生的宝贵例证,完全可以说明对互相矛盾下的证据的矛盾反应是如何生成的。

于是,他找来他的两个学生,莱厄肯和沙切特,一起做了差不多两个月的密探。他们给基切夫人打电话,表示均对她的故事感到好奇,想参加他们组织的活动,他们的请求被基切夫人很爽快地答应了。

基切夫人早已组织了一个活动团体,他们定期聚会,已经在为将来筹划,并正在等待来自克拉利昂行星的最后指令。

费斯廷格制定了一份研究计划,为了扩大调查范围,他又征集了5位大学生志愿者,作为不公开的参与观察者参与基切夫人的活动。他们就像真正的信仰者一

47. 家庭主妇的预言

样,整天忙个不停地参加活动,听基切夫人做报告,访问这个小团体中的成员等,并在7个礼拜内参加了60多次会议。

这些活动就像降神会一样,枯燥乏味,无休无止,把人搞得身心疲惫。更让实验者难以承受的是,一方面他们必须在会议期间时刻提醒自己,对那些荒诞不经的事情做出"虔诚"的反应,另外他们还得高度紧张地记录下由基切夫人和其他人在恍惚状态中所传达的行星守护者的神秘信息。

费斯廷格回忆说:"我们三个人当时轮流去厕所记笔记,进出的频率要控制得恰到好处,否则将会引起别人怀疑。厕所也是这个房子里唯一谈得上隐私的地方。我们中的一个或两个会不时地宣称自己出去走动一下,呼吸一下新鲜空气。然后,我们会飞快地跑到旅店房间,将记下来的笔记录下来……到研究结束时,我们差不多已经给累垮了。"

终于到了12月21日,信仰者的飞船没有等来,同样所谓的洪水也没有爆发。

这时,基切夫人称又收到了信息:由于信徒们的善良和忠诚感动了上帝,上帝已经决定不再降临这次灾难,让世界重归于安宁,信徒也重返家园。

听到这个消息,信徒们出现了两种截然不同的反应:那些本来就将信将疑的人,根本无法承受自己信仰的失败,纷纷宣布退出团体;另外,一些信仰坚定的信徒,正像费斯廷格预料的那样,更加死心塌地地信仰由基切夫人传达出来的真理,有的甚至辞掉工作,变卖家产,决心一辈子追随基切夫人,早日到达信仰的彼岸。

"认知失调"理论由美国心理学家费斯廷格提出,他认为在一般情况下,个体倾向于使自身的态度与行为保持一致,假如两者出现了不一致就产生了认知失调。认知失调会产生一种心理紧张感,个体会努力去试图解除这种紧张感,途径主要有两个,其一是改变自身的态度,使其与行为趋向于一致。如果个体内心深处的态度或者信念不易改变,个体则会倾向于改变外在行为,使其与态度保持一致,以重新恢复内心的平衡。

费斯廷格的这个实验,成为了最为经典的认知失调案例之一。

48. 让人震惊的凶杀案

> 当某一需要他人帮助的情景发生，如果只有一个人看到，他会把自己的责任看成是 100%；如果还有其他人在场，那么，他会觉得每个人都应该有责任，自己的责任就减轻了，心理学上叫"责任分散效应"。

1964 年 3 月 13 日晚上，在美国纽约郊外克尤公园附近的某公寓前，发生了一起震惊全美的谋杀案。

一位叫朱诺比白的年轻酒吧女经理，在凌晨 3 点结束工作回家的路上，被一不相识的男性杀人狂杀死。这名男子作案时间长达半个小时，而且，她当时也绝望地叫喊、呼救："有人要杀人啦！救命！救命！"

她的呼救声，惊扰了附近大部分住户。这时候，好多屋子全都亮起了灯，有的甚至还打开了窗户，向外窥探到底发生了什么事情。

由于有很多人家都往这里看了，于是，心虚的凶手被吓跑了。住户们看了半天，没发现歹徒，于是，就又关上窗户、电灯，进入了梦乡。

当这一切恢复平静之后，凶手又返回作案。于是，她又开始大喊大叫。接着，附近的住户又打开了电灯、窗户，凶手又被吓跑了。

也就在所有人，甚至连这名女子自己都认为一切都已经过去了，自己也已经安全了的时候，她回到自己的住宅区里，在她上楼的时候，凶手竟然又一次出现在她面前。尽管她再一次大声呼救，她的邻居中至少有 40 多位到窗前观看，但没有一人前来救她，甚至没有一人打电话报警。于

是，她就这样被杀死在自家门前的楼梯上。

　　这件事引起纽约社会的轰动，也引起了社会心理学工作者的重视和思考。当某一需要他人帮助的情景发生，如果只有一个人看到，他会把自己的责任看成是100％；如果还有其他人在场，那么，他会觉得每个人都应有责任，自己的责任就减轻了，人们把这种现象称为责任分散效应。

　　对于责任分散效应形成的原因，心理学家进行了大量的实验和调查，结果发现：这种现象不能仅仅说是众人的冷酷无情或道德日益沦丧的表现。因为在不同的场合，人们的援助行为确实是不同的。如果有许多人在场的话，帮助求助者的责任就由大家来分担，造成责任分散，每个人分担的责任很少，旁观者甚至可能连他自己的那一份责任也意识不到，从而产生一种"我不去救，由别人去救"的心理，造成"集体冷漠"的局面。

> **小知识：**
> **哈罗德·凯利（1921～2003）**
> 　　美国社会心理学家，在心理学和社会学领域都有很大影响，主要贡献集中于群体社会心理学、归因理论、人际关系等方面。1971年获美国心理学会颁发的杰出科学贡献奖，1978年当选为美国国家科学院院士。

49. 总统的无奈

> 名人效应就是巧妙运用名人历来都是社会舆论的中心,是制造新闻的"优质原料"。一件极普通的物品,一旦被名人所青睐,便可身价百倍,这就是名人晕轮效应,名人在社会上具有很大的引导力和影响力。

有位出版商手里压有一批滞销书,过了很久都不能脱手,就在他万分着急的时候,忽然想出了非常妙的主意:"给总统送去一本书"。

于是,他第二天便把书送了过去,然后,便三番五次去征求意见。可整天忙于政务的总统根本就没有时间看他送来的书,所以,不愿与他有过多的纠缠,便随口回了一句:"这本书不错。"

出版商听了之后,非常高兴,回去之后便大做广告,"现有总统喜爱的书出售"。于是这些书立刻被一抢而空。

可没过多久,这位出版商又有书卖不出去了,于是,他又送了一本书给总统。总统上次上了一回当,想奚落他,就说:"这本书糟透了。"出版商听了之后,脑子一转,又立刻跑回去做了这样一则广告,"现有总统讨厌的书出售"。又有不少人出于好奇争相购买,结果,所有的滞销书被一抢而空。

第三次,出版商又将书送给总统,总统接受了前两次教训,便不做任何答复。出版商却又大做广告,"现有令总统难以断定的书,欲购从速"。居然又被一抢而空。总统哭笑不得,商人却赚得盆满钵满。

美国心理学家曾做过一个有趣的实验,在给大学心理系学生讲课时,向学生介绍说聘请到举世闻名的化学家。然后这位化学家说,他发现了一种新的化学物质,这种物质具有强烈的气味,但对人体无害。在这里化学家只是想测一下大家的嗅觉。接着打开瓶盖,过了一会儿,他要求闻到气味的同学举手,不少同学举了手,其实这只瓶子里只不过是蒸馏水,"化学家"是从外校请来的德语教师。

106

49. 总统的无奈

在美国金融中心华尔街,一位商学院的实习生利用人们对石油大王洛克菲勒的仰慕敬畏心理,略施小技,便使自己在市场上站稳了脚跟,且在短期内发了一笔财。他开业伊始,便在墙面中央挂起一幅洛克菲勒的画像,尽管他从未见过这位石油大王,但人们却以此联想到他与洛克菲勒关系非同一般,甚至有人将他视为经济界消息灵通人士,主动与之交往,给予他慷慨的帮助。这位青年学生巧妙地利用人们的心理,赢得了不少商界大亨的支持与捧场,使生意越做越火。

以上的这些案例,全都是受到了名人的暗示从而产生的信服和盲从,这种现象被称为名人效应。

名人效应的产生依赖于名人的权威和知名度,名人之所以成为名人,在他们那一领域必然有其过人之处。名人知名度高,为世人所熟悉、喜爱,所以名人更能引起人们的好感、关注、议论和记忆。由于名人是人们心目中的偶像,人们都有羡慕名人、模仿名人的心理,所以效果会非常显著。

人们对有名望的人一般都十分崇敬。在商品销售中,经营者可利用消费者敬慕名人的心理来销售商品。具体方法有:① 在书店里请名作家与顾客见面,并对所购书籍签名留念,一般销量都非常好。② 在商场中请名演员献艺,可以吸引住大量顾客,生意自然兴旺。③ 在商品及包装上请名人写字作画。④ 有关领导到商场了解、蹲点、站柜台时,可吸引大批群众进店。⑤ 在广告中邀请名人宣讲或表演,广告效果特别好。如布娃娃在美国原售价每个 20 美元,而"椰莱娃娃"原设计者亲手签名的布娃娃售价曾高达 300 美元,这种"椰莱娃娃"在美国曾一度供不应求。名人效应法的推销原理是利用人们的慕名心理,在商品销售过程中,如在化妆品、香皂等广告宣传中,利用名人效应,选择大明星、歌星形象做广告,效果就很好。

在教育领域中,由于青少年的认识特点及心理发展,他们多为名人的形式化、表面性的形象所吸引,他们喜欢的名人多为歌星、影星一类,易出现追星现象。这就要求班主任要为学生选择好"名人",以促进学生的健康成长。

50. 偷车贼的心理

> "破窗效应",是指一种心理暗示造成的某种效应。人的行为和环境均具有强烈的暗示性和诱导性,若有人打坏了窗户玻璃,又没及时修复,别人就会受到暗示,去打碎更多的玻璃。

美国斯坦福大学心理学家詹巴斗曾做过这样一项有趣的"偷车实验":他从别的地方弄来了两辆无论是款式还是别的全都一模一样的汽车,然后,他就叫人把其中的一辆汽车停在比较贫穷、杂乱的底层人群聚集的街区,而另外一辆则停在中产阶级的小区里。

他派人去底层人群聚集的街区,把停在那里的汽车的车牌摘掉,打开顶棚,然后安排人手在那里监视,但对任何事情都不加干涉。结果一天之内汽车就被人偷走了。

然而,停放在中产阶级小区的那辆汽车,却过了一个星期也安然无恙地停放在那里。但是,当詹巴斗教授再次让人用锤子在这辆汽车的玻璃窗上敲了个大洞之后,仅仅过了几个小时,汽车就被小偷给偷走了。

后来,在此实验基础上,美国政治学家威尔逊和犯罪学家凯琳提出了有名的"破窗理论":一个房子如果窗户破了,没有人去修补,隔不久,其他的窗户也会莫名其妙地被人打破;一面墙,如果出现一些涂鸦没有清洗掉,很快,墙上就会布满乱七八糟、不堪入目的东西。一个很干净的地方,人们会不好意思丢垃圾,但是一旦地上有垃圾出现之后,人就会毫不犹疑地乱扔,丝毫不觉得有任何犹豫和羞愧。

其实,心理学家研究的就是这个问题,地上究竟要有多脏,人们才会觉得反正这么脏,再脏一点无所谓;情况究竟要坏到什么程度,人们才会自暴自弃,让它烂到底。

如果对这些问题,不加以制止和解决,久而久之,这些情况就会给人造成一种没有秩序的感觉。而且,一旦在这种公众对破窗现象习以为常、熟视无睹、麻木不仁的氛围中，犯罪就会迅速滋生、蔓延。

就像纽约在1980年代的时候，社会秩序非常混乱，到处充满了敲诈勒索，公交车、地铁所有的车厢内十分脏乱，到处涂满了秽句，坐在地铁里，人人自危。

而其中的原因，也就同我们现在讲的破窗效应的理论一样。先改善犯罪的环境，使人们不易犯罪，再慢慢缉凶捕盗，回归秩序。

角度不同，道理相似，"破窗理论"不仅仅在社会管理中有所应用，而且现在也被广泛应用于现代企业管理和教育管理等诸多领域中。环境具有强烈的暗示性和诱导性；必须修好"第一扇被打碎的窗户玻璃"。如果说"偷车试验"和"破窗理论"更多的是从犯罪心理学角度去思考问题，那么，推而广之，从人与环境的关系这个角度去看，我们周围的生活中所发生的许多事情，不正是环境"暗示"和作用的结果吗？比如，在窗明几净、环境幽雅的场所，可曾见过有谁大声喧哗，甚或"噗"地飞出一口痰来？相反，如果环境脏乱不堪，倒是时常可见吐痰、便溺、打闹之举。又比如，在公车站，如果大家都井然有序地排队上车，又有多少人会不顾众人的文明举动和鄙夷眼光而贸然插队？相反，车辆尚未停稳，人们你推我拥，争相往前挤，后来者如果想排队上车，恐怕也难有耐心了。

小知识：

鲍威尔（1932～ ）

美国实验心理学家，主要研究人类记忆及其提取策略、编码策略和范畴学习等。1973年当选为美国国家科学院院士，1979年获美国心理学会颁发的杰出科学贡献奖。

51. 曾参真的杀了人

> 从众效应是指个体受到群体的影响而怀疑、改变自己的观点、判断和行为等，以和他人保持一致。

中国古代有这样一个故事：

春秋时期，在孔子的学生曾参的家乡费邑，有一个与他同名同姓也叫曾参的人。有一天他在外乡杀了人。顷刻间，一股"曾参杀了人"的风闻便席卷了曾子的家乡。

第一个向曾子的母亲报告情况的是曾家的一个邻人，那人没有亲眼看见杀人凶手。他是在案发以后，从一个目击者那里得知凶手名叫曾参的。

当那个邻人把"曾参杀了人"的消息告诉曾子的母亲时，并没有引起预想的那种反应。曾子的母亲一向引以为骄傲的正是这个儿子。他是儒家圣人孔子的好学生，怎么会干伤天害理的事呢？曾母听了邻人的话，不惊不忧。她一边安之若素、有条不紊地织着布，一边斩钉截铁地对那个邻人说："不可能的，我的儿子是个乖孩子，他是不会去杀人的。"

没隔多久，又有一个人跑到曾子的母亲面前说："伯母，曾参真的在外面杀了人。"曾母依旧说："不可能的，我的儿子是个乖孩子，他是不会去杀人的。"然后就不去理会他了，还是坐在那里不慌不忙地穿梭引线，照常织着自己的布。

又过了一会儿，第三个报信的人跑来对曾母说："现在外面议论纷纷，大家都说曾参的确杀了人，现在已经被官兵抓起来了。"

曾母听到这里，心里骤然紧张起来。她开始相信这件事情是真的了，她害怕这种人命关天的事情要株连亲眷。她难过地哭了起来："参儿呀！妈妈相信你是一个好孩子，可是大家都说你杀了人，这些人跟你无冤无仇的，他们为什么要骗我呢？

110

51. 曾参真的杀了人

参儿啊！你真的杀了人吗？你是不是真的被官兵抓起来了！"

这时候，大家全都劝曾母赶快逃跑，免得被官兵一起抓起来，曾母擦干眼泪说："不行，如果我逃走了，那谁来照顾一家老小呢？"这时候，曾参回来了，大家都吓了一跳："曾参，你不是杀了人，已经被官兵抓起来了吗？"

曾参说："那个曾参不是我，是一个和我同名同姓的人！"

这时候，曾母才放心地笑起来："我真是的，因为大家都说曾参杀了人，让我也怀疑自己的乖儿子杀了人。"

以曾子良好的品德和慈母对儿子的了解、信任而论，"曾参杀了人"的说法在曾子的母亲面前是没有市场的。然而，即使是一些不确实的说法，如果说的人很多，也会动摇一个慈母对自己贤德的儿子的信任。由此可以看出，缺乏事实根据的流言是可怕的。

这就说明了人们都有一种从众心理。生活中由于从众心理而产生的效应，称为"从众效应"。

当个体受到群体的影响（引导或施加的压力），会怀疑并改变自己的观点、判断和行为，朝着与群体大多数人一致的方向变化，也就是通常人们所说的"随大流"。

在生活中，每个人都有不同程度的从众倾向，总是倾向于跟随大多数人的想法或态度，以证明自己并不孤立。研究发现，持某种意见的人数的多少是影响从众的最重要的一个因素，"人多"本身就是说服力的一个明证，很少有人能够在众口一词的情况下还坚持自己的不同意见。

小知识：

阿希（1907~1996）

美国社会心理学家，她的研究工作主要集中于特质的因素分析、测验编制以及文化因素和团体差异对测验分数的影响等方面。1967年获美国心理学会颁发的杰出科学贡献奖。在20世纪50年代做了"从众"的经典实验。

52. 惊人的谈话效果

> 弗洛伊德在经过深刻的理性思考后,得到了这样一个结论:人是感性动物。人是永远不可能用自己的理性去理解、指挥人类自己全部的情绪、情感以至于命运的。

霍桑实验是心理学史上最出名的实验之一。这一在美国芝加哥西部电器公司所属的霍桑工厂进行的心理学研究是由哈佛大学的心理学教授梅奥主持的。

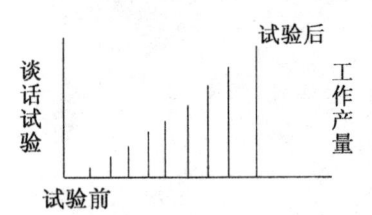

美国芝加哥郊外的霍桑工厂,是一个制造电话交换机的工厂。这个工厂具有较完善的娱乐设施、医疗制度和养老金制度等,但员工们仍愤愤不平,生产状况也很不理想。为探求原因,1924年11月,美国国家研究委员会在该工厂进行了一个"谈话试验",研究者在工厂中开始了访谈计划。此计划的最初想法是要工人就管理当局的规划和政策、工头的态度和工作条件等问题作出回答,但这种规定好的访谈计划在进行过程中却大出意料之外,得到意想不到的效果。工人想就工作提纲以外的事情进行交谈,工人认为重要的事情并不是公司或调查者认为意义重大的那些事。访谈者了解到这一点,及时把访谈计划改为事先没规定的内容,每次访谈的平均时间从三十分钟延长到一到一个半小时,多听少说,详细记录工人的不满和意见。访谈计划持续了两年多,工厂的产量大幅提高。

工人们长期以来对工厂的各项管理制度和方法存在许多不满,无处发泄,访谈计划的实行恰恰为他们提供了发泄机会,发泄过后心情舒畅,士气提高,使产量得到提高。

另外,他们还做了一个群体实验:

梅奥等人在这个试验中选择14名男性工人在单独的房间里从事绕线、焊接和检验工作。对这个班组实行特殊的工人计件工资制度。实验者原来设想,实行这套奖励办法会使工人更加努力工作,以便得到更多的报酬。

但观察结果发现,产量只保持在中等水平上,每个工人的日产量平均都差不多,而且工人并不如实地报告产量。深入调查发现,这个班组为了维护他们群体的利益,自发地形成了一些规范。

他们约定,谁也不能干的太多,突出自己;谁也不能干的太少,影响全组的产量,并且约法三章,不准向管理当局告密,如有人违反这些规定,轻则挖苦谩骂,重则拳打脚踢。进一步调查发现,工人们之所以维持中等水平的产量,是担心产量提高,管理当局会改变现行奖励制度,或裁减人员,使部分工人失业,或者会使干得慢的伙伴受到惩罚。

从亚当·斯密开始,经济学把人看作"理性动物"。后来的管理学,无一不是以理性为前提的。从泰罗的科学管理到韦伯的官僚制,把理性精神发挥得淋漓尽致。这些固然都是正确的,而且人的行为在大多数情况下都反映出理性。

但是,如果彻底排除了非理性,人类的自身属性就不复存在。在心理学研究的历史上,霍桑实验第一次把工业中的人际关系问题提到首要地位,并且提醒人们在处理管理问题时要注意人的因素,这对管理心理学的形成具有很大的促进作用。

梅奥根据霍桑实验,提出了人际关系学说。霍桑实验更清晰地说明,人的思想和行动更多的是由感情而不是由逻辑引导的。梅奥的管理思想,在一定意义上,是要纠正古典管理学中过度理性化的偏失。完全理性,必然把人机器化,进而破坏人生的价值和意义。梅奥从改变管理行为、培养人际关系型经理人员入手,要求实现管理形态的根本性转变。这种转变的本质,是要以人性化替代理性化。所谓人性,既要包容理性因素,又要包容非理性因素,把人的非理性和理性统一起来。如果说梅奥开创了新的管理模式的话,那么,这种管理模式就是人性化管理。

在谈到组织内的人际关系问题的时候,有一个现象不可不谈,就是小团体。不论是在公司企业、军队或学生群体中,非正式的小团体都广泛存在着。这些小群体是在成员共同的感情、态度和倾向基础上自发形成的群体,这些小团体有自己的特殊的行为规范,对人的行为起着调节和控制作用。一般来说,每个小团体都会有一到两个核心人物,他们是小群体的领袖,他们有着很强的号召力,其意见不论是对小团体还是整个正式的组织都有较大的影响。要想控制小团体对正式组织的消极影响,并增强其积极影响,很重要的一点就是做好小团体"领导"的工作。

> **小知识:**
>
> **斯伯里(1913~1994)**
>
> 美国神经心理学家,用测验的方法研究了裂脑病人的心理特征,证明大脑两半球的功能具有显著差异,提出两个脑的概念。曾荣获美国国家科学奖,1960年当选为美国国家科学院院士,1971年获美国心理学会颁发的杰出科学贡献奖,1981年获诺贝尔奖。

53. "监狱"里的人们

> 现实生活中,人们以不同的社会角色参加社交,它就像"魔棒"一样,把人紧紧地吸引在特定的行为规范和行为模式中,这种因角色不同而引起的心理或行为变化,就叫做角色效应。

美国斯坦福大学心理学家菲利普·津巴多,为了研究人及环境因素对个体的影响程度,在1972年设计了一个模拟监狱的实验,实验地点就设在斯坦福大学心理系的地下室中,而其中的参与者,全是心理系的学生们从外面找来的一些男性志愿者。

等到一切就绪之后,津巴多教授就把他们随机分为两组。其中一组随机指派为"看守",而另一组则被指派为"犯人"。

接着,津巴多教授又给实验者发一些监狱常用的制服和哨子,并训练他们推行一套"监狱"的规则。

剩下的另一组扮演"犯人"角色,津巴多会让他们穿上质量低劣的囚衣,并被关在牢房内充当犯人。

一切都很顺利地进行着,所有的参与者,仅花了一天的时间就完全进入了实验状态。

看守们开始变得十分粗鲁,充满敌意,他们还想出多种对付犯人的酷刑和体罚方法。而那些犯人们也垮了下来,要么变得无动于衷,要么开始了积极的反抗。

杀人、抢劫、虐待……这些充斥于报纸、电视的类似新闻总是不免引人深思,到底是人性固有的残暴还是后天的环境造就了这些悲剧?心理学家试图用科学的方法来揭示这个问题的答案。以上"故事",就是津巴多教授的一个尝试。津巴多的研究发现,实验的结果可以用"角色效应"和"环境压力"两个因素进行解释。

首先,社会生活中的每一个人都在不断探询和确认自己的社会角色,并按照角色的标准来要求自己。在我们的社会中,"保安"、"城管工商"、"贵妇"就是一些已经有明确定义的"角色",无论是谁,处在"角色"的位置上,要么完全融入这个角色,要么就会被人指责不像是这个"角色"。臭名昭著的美国军人虐俘事件中,那些循规蹈矩的美国人穿上军装,跨越半个地球抵达伊拉克,就退化成"穷凶极恶的虐待狂",这和他们对自己角色的认识有关系。

其次,社会环境会影响一个人的行为。天性善良的人们在承担具有暴力性的工作,和处于混乱的、高压力的环境中一样,人格都会发生扭曲。

不过,角色效应的产生要经历三个过程:

1. 社会和他人对角色的期待。就目前家教情况而言,普遍存在着对孩子社会角色期望的偏差,比如"好学生"在不少家长心目中就是"学习好","学习好"就是分数高。

2. 对自己扮演的社会角色的认知。在现实生活中,家长往往忽视了孩子角色概念的认识的偏差,一些孩子常以"我爸是经理"、"我爷爷是书记"而自负,把自己与长辈的角色等同起来,颠倒了角色概念的关系,致使这类孩子养成了狂妄自大、目中无人的畸形心态。

3. 在角色期望和角色认知的基础上,透过具体的角色规范,实现角色期待,这就叫角色行为。

小知识:

托尔曼(1836～1959)

美国心理学家,新行为主义代表人物之一。他的认知学习理论促进了认知心理学及信息加工理论的产生和发展,被认为是认知心理学的起源之一。1937年当选为美国国家科学院院士,同年当选为美国心理学会主席,1957年获美国心理学会颁发的杰出科学贡献奖。

54. 竞争优势效应

> 社会心理学家认为,人们与生俱来有一种竞争的天性,每个人都希望自己比别人强,每个人都不能容忍自己的对手比自己强,因此,人们在面对利益冲突的时候,往往会选择竞争,拼个两败俱伤也在所不惜;就是在双方有共同的利益的时候,人们也往往会优先选择竞争,而不是"合作",这种现象被称为"竞争优势效应"。

曾经有一段时间,《纽约时报》在醒目处刊登了一则广告,大意是说某海滨城市有一幢豪华别墅公开出售,靠海、向阳、有花园草地,只售一美元,后面还留有联系电话及别墅详细地址等等。

广告连续刊登了一个月,无人问津。又刊登了一个月,还是无人问津。有一天,一个年轻的小伙子坐在公园里读报,他第五次看到了这条广告。于是想:这城市离自己家不远,一美元的别墅是什么样子呢?反正闲着没事儿,就算去凑热闹吧!于是他就动身去了那座海滨城市。

他按地址找到了这幢别墅,简直不相信自己的眼睛——这真是一幢豪华气派的别墅。他按了一下门铃,一个老太太开门让他进去了。他怀疑地看着自己眼前的一切,几乎不敢问这幢别墅是不是广告上的那幢。但还是挡不住好奇心,他支支吾吾地向老太太讲明了自己来的目的。老太太说:"没错,这幢别墅只售一美元!"

年轻人大喜过望,掏出一美元,准备购下这幢别墅。这时,老太太指了指桌边一个正在写着什么的人说:"对不起,先生,他比你早到了一刻钟,正在签订合

54. 竞争优势效应

同呢!"

这下,年轻人从刚才强烈的好奇一下跌进了深深的懊悔之中,不断地责怪自己为什么不早一点来呢!

临别,年轻人实在控制不住自己的好奇心,希望老太太能告诉自己,为什么这么漂亮的别墅只售一美元?老太太告诉他:这幢别墅是自己丈夫留下的遗产。在遗嘱中丈夫交代,自己的所有财产归老太太拥有,但这幢别墅出售后所得归自己的情人拥有。老太太听完遗嘱,十分伤心,因为她没想到自己深爱着的丈夫竟然会有情人,大怒之下将这幢豪华别墅以一美元出售,然后按法律规定将所得交给丈夫的情人。

社会心理学家认为,人们与生俱来有一种竞争的天性,每个人都希望自己比别人强,每个人都不能容忍自己的对手比自己强,因此,人们在面对利益冲突的时候,往往会选择竞争,拼个两败俱伤也在所不惜;就是在双方有共同的利益的时候,人们也往往会如这位老太太一样,优先选择竞争,而不是选择对双方都有利的"合作",这种现象被心理学家称为"竞争优势效应"。我们平时所说的"鹬蚌相争,渔翁得利"和一些"两败俱伤"的场面都是由于"竞争优势效应"所造成的。

心理学家还认为,沟通的缺乏也是人们选择竞争的一个重要原因。如果双方曾经就利益分配问题进行商量,达成共识,合作的可能性就会大大增加。如果在上面的实验中允许参加实验的两个人互相商量,或者两个人对对方的选择有充分的把握,结果必然会是另外一个样子。

心理学上有这样一个经典的实验:让参与实验的学生两两结合,但是不能商量,各自在纸上写下来自己想得到的钱数。如果两个人的钱数之和刚好等于100或者小于100,那么,两个人就可以得到自己写在纸上的钱数;如果两个人的钱数之和大于100,比如说是120,那么,他们俩就要给心理学家60元。结果如何呢?几乎没有哪一组学生写下的钱数之和小于100,当然他们就都得付钱。

55. 由游戏引发的战争

在一个存在内部联系的体系中，一个很小的初始能量就可能导致一连串的连锁反应。这就是所谓的"多米诺骨牌效应"。

谈到"多米诺骨牌效应"，就不得不提到这样一个经典故事：

在中国古代的楚国，有个边境城邑叫卑梁，那里的姑娘和吴国边境城邑的姑娘一起在边境上采桑叶，她们每次在干活干累了之后，就会在那里做游戏。

有一次，她们正在做游戏的时候，一位吴国的姑娘不小心踩伤了卑梁的姑娘。于是，卑梁人就带着受伤的姑娘来到吴国，责备吴国人。其中的一位吴国人由于出言不恭，使得卑梁人非常恼怒，一气之下杀死那个吴国人，然后逃走了。卑梁人在吴国把吴国人给杀了，这对吴国来说是件非常过分的事情。于是，被杀的那个吴国人的亲眷，又召集了一些人前去卑梁报仇，结果，就杀了那个卑梁人的全家。

卑梁的守邑大夫大怒，说："吴国人怎么敢攻打我的城邑？"

于是发兵反击吴人，用屠城的方式，把当地的吴人男女老幼全都杀死了。

而吴王夷昧听到这件事后当然非常愤怒，就派人领兵入侵楚国的边境城邑，直到彻底攻占了卑梁才撤兵离去。

接着，两国就因此而发生了大规模的战争。吴国公子光又率领军队在鸡父和楚国人交战，大败楚军，俘获了楚军的主帅潘子臣、小帷子以及陈国的大夫夏啮之后，又接着攻打郢都，俘虏了楚平王的夫人回国。

55. 由游戏引发的战争

从做游戏踩伤脚，一直到两国爆发大规模的战争，再到吴军攻入郢都，中间一系列的演变过程，似乎有一种无形的力量把事件一步步无可挽回地推入不可收拾的境地。这种现象，被称之为多米诺骨牌效应，而这件事，也成了它的经典案例。

据中国《正字通》记载，宋宣宗二年（1120年），民间出现了这种名叫"骨牌"的游戏。骨牌游戏在宋高宗时传入宫中，随后在全国盛行。由于当时的骨牌多由牙骨制成，所以骨牌又有"牙牌"之称，民间则称之为"牌九"。

1849年8月16日，意大利传教士多米诺把这种骨牌带回了米兰。作为最珍贵的礼物送给了他的女儿小多米诺。不过，让他没有想到的是，正是这副骨牌，使他的名字——多米诺，成为一种世界性体育运动的代称。

不久，小多米诺就喜欢上了这副骨牌，因为她发现了骨牌的新玩法，她按点数的大小以相接的方式把骨牌连接起来。在玩骨牌游戏的时候，小多米诺发现它可以很好地锻炼人的意志和耐力。

小多米诺的男友阿伦德是个性情浮躁的人，小多米诺就让他把28张牌一张一张地竖起来。如果阿伦德不能在限定时间把28张牌码完，或者码完的牌倒下了，小多米诺就限制他一周不许参加舞会。经过很长一段时间的磨练，阿伦德的性格变得刚毅坚强，做事也变得稳健沉着。

多米诺为了让更多的人玩上高雅的骨牌游戏，制作了大量的木制骨牌。不久，木制骨牌就迅速地在意大利及整个欧洲传播，骨牌游戏成了欧洲人的一项高雅运动。后来，人们为了感谢多米诺给他们带来这么好的一项运动，就把这种骨牌游戏命名为"多米诺"。

从那以后，"多米诺"成为一种国际性术语。不论是在政治、军事还是商业领域中，只要产生一倒百倒的连锁反应，人们就把它们称为"多米诺效应"或"多米诺现象"。

多米诺骨牌效应表明：一个最小的力量能够引起的或许只是察觉不到的渐变，但是它所引发的却可能是翻天覆地的变化。

"多米诺骨牌效应"的物理原理是：骨牌竖着时，重心较高，倒下时重心下降，倒下过程中，将其重力势能转化为动能，每张牌倒下的时候，具有的动能都比前一块牌大，因此它们的速度一个比一个快，也就是说，它们依次推倒的能量一个比一个大。在社会心理领域也存在多米诺效应，人们用这一效应来比喻一倒百倒，牵一发而动全身的现象。或许一个力量很弱小，微不足道，它能够引起的只是难以察觉的渐变，但是经过一系列的传递和扩大，它所引发的却可能是翻天覆地的变化。

多米诺效应可以存在于个人之内，也可以存在于个体之间。前者最恰当的例子莫过于马加爵了，这位天之骄子，当自己遇到一些不顺心的事情时，就觉得自己

好像进入了一片密林，看不到出口在何方，最后就葬送在自己情绪失控中。确实，人在精神极度受挫、情绪极度低落时，身体各部分的破坏能力达到了极点，这时，对于自身而言极其脆弱，以至于对着某个人大喊一声就很有可能把一个活生生的人给吓死。

社会是由人组成的，人际间的多米诺效应也不容忽视。如某位名人娶了一位小自己几十岁的女子做妻子，他的行为尽管能够得到社会的理解和宽容，但是由此引发的争先效仿就是人们所不愿看到的了。

如果我们把前面"多米诺骨牌效应"中的那一张张骨牌赋予积极向上的心态，那么就是另外一番景象：你会感到心情十分的舒畅，信心高涨，许多事情都可以事半功倍，甚至平时想都不敢想的事情，竟然会在瞬间顺利完成。这正如骑车行走下坡路一样，在看准前进目标的前提下，你会越来越快，直抵自己梦寐以求的目的地，实现自己长久以来的梦想。

> **小知识：**
>
> **约翰逊（1923～　）**
>
> 美国教育心理学家，曾师从艾森克，受艾森克人格研究中定量的和实验的方法的影响很大。他主要研究了个体学习的差异，尤其是文化、发展和遗传对智力和学习的影响。

56. 狼人的启示

> 社会化从个人来说是将社会的文化规范内化并形成独特的个性的过程；从社会来说，是将一个生物学意义上的自然人教化、培养为一个有文化的社会人的过程。

1920年的一天，在印度加尔各答西南的一个小城附近，一位牧师救下了两个由狼抚养长大的女孩儿。这两个女孩，大的大约七八岁，起名为卡玛娜，活到了十七岁；小的不到两岁，不到一年后就死在了孤儿院里。

她们的生理结构、躯体生长发育和身体外形与人不同，特点是：四肢长得比一般人长，手长过膝，双脚的拇指也稍大，两腕肌肉发达；骨盆细而扁平，背骨发达而柔弱，但腰和膝关节萎缩而毫无柔韧性。心理活动方面也与人类相差甚远。她们不会说话，不懂人类的衣食住行，不会计算，见人恐惧、紧张，手脚并用，其他同一般儿童没有多大差异。

卡玛娜不喜欢穿衣服，给她穿上衣服她就撕下来；用四肢爬行，喜欢白天缩在黑暗的角落里睡觉，夜里三时左右总要像狼一样引颈嚎叫一阵，四处游荡，想逃回丛林。她有许多特征都和狼一样，嗅觉特别灵敏，用鼻子四处嗅闻寻找食物。她们怕光、怕火、怕水，喜欢吃生肉，而且吃的时候要把肉扔在地上才吃，不用手拿，也不吃素食。牙齿特别尖利，耳朵还能抖动。

大狼孩虽然已经七八岁了，但智力发育的程度只相当于六个月的婴儿，后来经过精心教育和训练，四年才学会六个词，六年学会了直立行走，七年学会了四十五

121

个词,十七岁的时候,只相当于三四岁的幼儿智力。

巴西有一个名叫鲁查努的三岁的小孩儿,出生后一直被关在一个竹笼子里,每天和三只狗做伴。这个孩子脸色苍白,不能睁眼,不会站立,不会讲话,只会爬,发出汪汪的狗叫声,还像狗一样耷拉着舌头。

看了这两个案例,肯定会有人问怎么人会变成这个样子。其实,这些实例有力地说明了社会生活对人的心理发展的决定性意义。

"狼孩"的事实,证明了人类的知识和才能并非天赋的、生来就有的,而是人类社会实践的产物。人不是孤立的,而是高度社会化了的人,脱离了人类的社会环境,脱离了人类的集体生活就形成不了人所固有的特点。而人脑又是物质世界长期发展的产物,它本身不会自动产生意识,它的原材料来自客观外界,来自人们的社会实践。所以,这种社会环境倘若从小丧失了,人类特有的习性、他的智力和才能就发展不了,一如"狼孩"刚被发现时那样:有嘴不会说话,有脑不会思维。

社会生活对人的发展来说具有重要的作用。尽管人的身体、神经系统和大脑可以遗传,但是人类的思维和社会性是不会遗传的,如果脱离了社会,尤其是在关键期内脱离的社会,那么狼孩将永远为狼孩,无法再走进人类的世界。

在社会这个大背景中,自然人就像是一个圆点,孤独的、个体的人是怎样真正成为社会一分子的呢?这是透过社会化的过程,从幼儿的社会化,到中年人和老年人的再社会化,社会化是一个终生的过程。

所谓社会化是指个人透过学习社会知识、技能、行为规范,逐渐适应社会生活,满足社会需要,与社会和谐发展,取得社会成员资格的过程。任何一个社会,都有它基本的道德规范、行为模式以及各种"游戏"规则。自然人必须遵从这个道德规范、行为模式和游戏规则才能为社会所接纳。学习和教育是实现人的社会化的相辅相成、二位一体的途径。

人的社会化过程实际是两个过程的结合:一是个人透过与社会的互动,获得独特的个性和人格,学会适应并参与社会生活的过程;二是社会成员、社会结构和社会文化一起行动,共同支持和维护社会生存与运行的过程。一个"生物人"必须内化社会价值标准、学习角色技能、适应社会生活,才能完成由"生物人"(或称"自然人")向"社会人"转变的过程。在这个过程中,家庭、学校、社会分别分担着目标一致却又各具功能的作用。

57. 公关小姐的秘诀

"异性效应"是一种普遍存在的心理现象，这种效应尤以青少年为甚。其表现是有两性共同参加的活动，较之只有同性参加的活动，参加者一般会感到更愉快，干得也更起劲，更出色。

随着公共关系学的走俏，公关小姐便应运而生了。奥地利社会科学家卡尔·格莱默的研究报告称，女性在结识新的男性时通常都会自动与他们调情。这是一种不自觉的动物行为，女性就像所有雌性动物一样，用"调情"试探男性以判断他是否"值得拥有"。

露西小姐虽然只是某公司公关部经理，但是，她的薪金却是全公司最高的，究其原因，才发现她能拿到这么高的薪金，还真有一般人所不能达到的过人之处。例如：交际颇广，每次出师必胜，正因为如此，她为公司立下了赫赫战功，成为了公司最红的人物。

有一次，公司的原料奇缺，材料部门的人员四处奔走一个多月，却连连碰壁，没有任何效果。公司最后不得不派露西小姐外出联系，结果不到三天，所有的问题全都迎刃而解。

由于经营不善，公司有段时间资金周转严重失灵，急需贷款，可因为公司的某些情况，根本达不到贷款的要求，因此，老板急得像热锅上的蚂蚁一样。结果，又是露西小姐出马，周旋于银行之间，竟获得上百万美元的贷款。

露西小姐因此备受老板器重，工资、奖金一加再加。有人试图总结露西小姐成功的秘诀，发现她除了具有清醒的头脑、敏捷的口才、丰富的知识和阅历、待人接物

123

灵活之外,她端庄的容貌、典雅的仪表也有很大的关系。

在我们身边,我们经常可以看到男营业员接待女顾客,一般要比接待男顾客热情些,人们对女性求助者一般总要比对男性求助者客气些。

上述露西小姐成功的原因主要在于:现在社会还是一个男性占很大优势的社会,外出办事多数要和男性打交道,由女性出面较为顺利,这便是心理学上所谓的"异性效应"。这种现象是建立在异性相吸引的基础上的。人们一般对异性比较感兴趣,特别是对外表讨人喜欢、言谈举止得体的异性感兴趣。这点女性也不例外,只不过不如男性对女性那么明显。有时为了引起异性注意,男性还特别喜欢在女性面前表现自己,这也是"异性效应"在起作用。

"异性效应"尤以青少年为甚。其表现是有两性共同参加的活动,较之只有同性参加的活动,参加者一般会感到更愉快,干得也更起劲,更出色。这是因为当有异性参加活动时,异性间心理接近的需要得到了满足,因而会使人获得程度不同的愉悦感,并激发起内在的积极性和创造力。

小知识:

波尔比(1907～1990)

英国心理学家,杰出的儿童精神病学家。他将心理分析、认知心理学和进化生物学等学科统合在一起,纠正了弗洛伊德精神分析理论对童年经历的过分强调和对真正创伤的忽视。

第三章

人格心理学

人格心理学是心理学的一个重要分支。在它经历了近一个世纪的成长,又要面临一个新世纪的挑战时,我们希望展望它的未来,而这必然离不开对它的过去和现在做出现实的评估。人格心理学也称个性心理学。人格心理学是从整体上探讨人的心理活动的一门心理学基础学科,以人格研究的基本问题、精神分析人格理论、人格特质论、行为主义和社会学习人格理论、人本主义人格理论、认知学派人格理论、人格的发展以及人格评估等几个方面为主要研究课题。

本章的目的是帮助学生树立科学的人格观,培养他们理解人格、分析人格、评估人格的初步能力,并使他们了解完善人格的途径。

58. 艾森克的性格理论

> 艾森克反对把人格定义抽象化，他在其《人格的维度》(1947)一书中指出"人格是生命体实际表现出来的行为的模式的总和"。艾森克认为这种行为模式的总和包括认知(智力)、意动(性格)、情感(气质)和躯体(体质)四个主要方面。后来他又强调人格具有稳定持久性。

艾森克出生在德国，父母都是著名演员，曾想培养他成为艺人，8岁便让他扮演小配角。后因父母离婚，他由祖母抚养，从此养成一种逆反心理。

1934年他因不愿意参加德国纳粹组织，未能进入柏林大学，后来经法国，移居英国，在英国伦敦大学毕业后，他曾任精神医学研究所心理学部主任。1945年后，任伦敦大学教授，同时兼任宾夕法尼亚大学客座教授。

艾森克接受了古希腊、罗马学者关于四种气质的描述和冯特按情绪维度来划分气质的思想，提出了人格结构的层次性质理论。在这个理论中，艾森克主要分出了人格结构的两个维度：(1)人格的内倾与外倾；(2)人格的稳定与不稳定，有时也称高神经质与低神经质的维度或情绪性维度。

根据人格的两个维度，艾森克把人分成四种类型，即稳定内倾型、稳定外倾型、不稳定内倾型与不稳定外倾型。稳定内倾型表现为温和、镇定、安宁、善于克制自己，相当于黏液质的气质；稳定外倾型表现为活泼、悠闲、开朗、富于反应，相当于多血质气质；不稳定内倾型表现为严峻、慈爱、文静、易焦虑，相当于抑郁质气质；不稳定外倾型表现为好冲动、好斗、易激动等，相当于胆汁质气质。

58. 艾森克的性格理论

如图所示:图内的小圆代表四种传统的气质类型,大圆代表了按两个维度区分的四种人格类型。从图上可见到,艾森克关于人格结构的理论,是以传统的气质理论为基础,它所表明的人格特点,也是以个体的心理活动和行为的外部动力特点为主要内容的。

有关人格结构的基本表现,上面只提到两个维度。但实际上一个人的性格要比此复杂得多,后来,艾森克及同事经研究提出过四五个或更多的维度。艾森克人格问卷就是测定人格维度的自陈量表。该量表包括四个量表:E(内外倾量表),N(情绪稳定性量表),P(精神质量表),L(效度量表)。前三者为人格的三个维度,它们是彼此独立的。

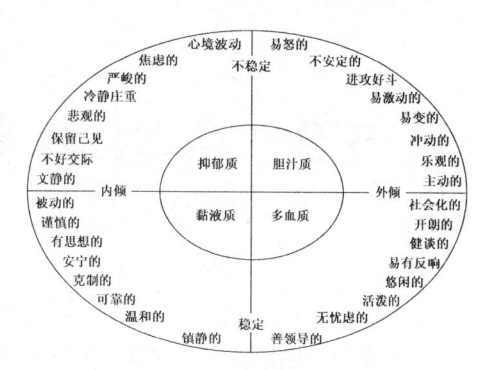

图1:从两个维度来分析的人格结构图

小知识:

艾森克(1916~1997)

德裔英国人,人格心理学家,把因素分析应用到人格分析上。主要从事人格、智力、行为遗传学和行为理论等方面的研究。他主张从自然科学的角度看待心理学,把人看作一个生物性和社会性的有机体。在人格问题研究中,艾森克用因素分析法提出了神经质、内倾性—外倾性以及精神质三维特征的理论。

59. 马斯洛需求层次理论

> 马斯洛的需求层次理论,在一定程度上反映了人类行为和心理活动的共同规律。马斯洛从人的需要出发探索人的激励和研究人的行为,抓住了问题的关键;他指出人的需要是由低级向高级不断发展的,这一趋势基本上符合需要发展规律。

亚伯拉罕·马斯洛出生于纽约市布鲁克林区,是一位美国社会心理学家、人格理论家和比较心理学家,人本主义心理学的主要发起者和理论家,心理学第三势力的领导人。

马斯洛认为,人类价值体系存在两类不同的需要,一类是沿生物谱系上升方向逐渐变弱的本能或冲动,称为低级需要和生理需要;一类是随生物进化而逐渐显现的潜能或需要,称为高级需要。

人都潜藏着五种不同层次的需要,但在不同的时期表现出来的各种需要的迫切程度是不同的。人的最迫切的需要才是激励人行动的主要原因和动力。人的需要是从外部得来的满足逐渐向内在得到的满足转化。

低层次的需要基本得到满足以后,它的激励作用就会降低,其优势地位将不再保持下去,高层次的需要会取代它成为推动行为的主要原因。有的需要一经满足,便不能成为激发人们行为的起因,于是被其他需要取而代之。

高层次的需要比低层次的需要具有更大的价值。热情由高层次的需要激发。人的最高需要即自我实现就是以最有效和最完整的方式表现自己的潜力,唯此才能使人得到高峰体验。

人的五种基本需要在一般人身上往往是无意识的。对于个体来说,无意识的动机比有意识的动机更重要。对于有丰富经验的人,透过适当的技巧,可以把无意识的需要转变为有意识的需要。

马斯洛还认为,在人自我实现的创造性过程中,产生出一种所谓的"高峰体验"

的情感，这个时候是人处于最激荡人心的时刻，是人的存在的最高、最完美、最和谐的状态，这时的人具有一种欣喜若狂、如醉如痴、销魂的感觉。

　　试验证明，当人呆在漂亮的房间里面就显得比在简陋的房间里更富有生气、更活泼、更健康；一个善良、真诚、美好的人比其他人更能体会到存在于外界中的真善美。当人们在外界发现了最高价值时，就可能同时在自己的内心中产生或加强这种价值。总之，较好的人和处于较好环境的人更容易产生高峰体验。

　　以下为两个需求层次图：

各层次需要的基本含义如下：

　　（1）生理上的需要。这是人类维持自身生存的最基本要求，包括饥、渴、衣、住、性的方面的要求。如果这些需要得不到满足，人类的生存就成了问题。在这个意义上说，生理需要是推动人们行动的最强大的动力。马斯洛认为，只有这些最基本的需要满足到维持生存所必需的程度后，其他的需要才能成为新的激励因素，而到了此时，这些已相对满足的需要也就不再成为激励因素了。

　　（2）安全上的需要。这是人类要求保障自身安全、摆脱事业和丧失财产威胁、避免职业病的侵袭、接触严酷的监督等方面的需要。马斯洛认为，整个有机体是一个追求安全的机制，人的感受器官、效应器官、智能和其他能量主要是寻求安全的工具，甚至可以把科学和人生观都看成是满足安全需要的一部分。当然，当这种需要一旦相对满足后，也就不再成为激励因素了。

　　（3）感情上的需要。这一层次的需要包括两个方面的内容：一是友爱的需要；二是归属的需要。感情上的需要比生理上的需要来得细致，它和一个人的生理特性、经历、教育、宗教信仰都有关系。

　　（4）尊重的需要。人人都希望自己有稳定的社会地位，要求个人的能力和成就得到社会的承认。马斯洛认为，尊重需要得到满足，能使人对自己充满信心，对社会满腔热情，体验到自己活着的用处和价值。

（5）自我实现的需要。也就是说，人必须干称职的工作，这样才会使他们感到最大的快乐。马斯洛提出，为满足自我实现需要所采取的途径是因人而异的。自我实现的需要是努力实现自己的潜力，使自己越来越成为自己所期望的人物。

马斯洛认为，这五种需要是从低到高的递升，不过次序却不是固定的。一般来说，某一层次的需要相对满足了，就会向高一层次发展，追求更高一层次的需要就成为驱使行为的动力。

另外，它又分为高低两级，其中生理上的需要、安全上的需要和感情上的需要都属于低一级的需要，这些需要透过外部条件就可以满足；而尊重的需要和自我实现的需要是高级需要，他们是透过内部因素才能满足的，而且一个人对尊重和自我实现的需要是无止境的。同一时期，一个人可能有几种需要，但每一时期总有一种需要占支配地位，对行为起决定作用。任何一种需要都不会因为更高层次需要的发展而消失。各层次的需要相互依赖和重叠，高层次的需要发展后，低层次的需要仍然存在，只是对行为影响的程度大大减小。

> **小知识：**
>
> **亚伯拉罕·马斯洛（1908～1970）**
>
> 出生于纽约市布鲁克林区。美国社会心理学家、人格理论家和比较心理学家，人本主义心理学的主要发起者和理论家，心理学第三势力的领导人；是美国最有影响的一位心理学家，他的心理学已形成心理学史上的"第三思潮"，正猛烈地冲击着当代西方心理学的理论体系。

60. 奥尔波特的人格特质论

> 奥尔波特认为特质是人格的基础,是心理组织的基本建构单位,是每个人以其生理为基础而形成的一些稳定的性格特征。

高尔顿·奥尔波特(1897~1967)是在他哥哥、著名社会心理学家弗劳德·奥尔波特的影响下考入哈佛大学学习心理学的。他曾在一个有著名心理学家在场的研讨会上介绍自己的人格特质论,但他发言后,全场一片沉默,他没有气馁,于1937年出版了《人格:一种心理学的解释》一书。两年后,他就当选为美国心理学会主席。

奥尔波特的兴趣主要在于意识的部分,而非难以确定的深层潜意识。他经常谈到与弗洛伊德唯一的一次见面,因为这次见面对他产生了重大的影响。他在二十二岁参访维也纳时,写了一封信给弗洛伊德,说他就在城里,想与他会面,弗洛伊德大方地接待他,但却一声不响地坐着。奥尔波特试图找话题,他提到来弗洛伊德办公室的途中,听到一个小孩告诉他母亲说:他想避开一些很脏的东西,他显露出对脏乱的恐惧,然而他母亲穿戴整齐、衣衫烫过、气宇非凡,奥尔波特认为这与小孩畏惧脏论之间并没有什么联系。

但是,如他所回忆的:弗洛伊德用他那双仁慈的、治病救人的眼神看着我说:"那小孩是你本人吗?"奥尔波特目瞪口呆,只好转换了话题。他后来回忆道:"这次经验告诉我,深层心理学研究尽管有种种好处,但它容易钻牛角尖,而心理学家在深入潜意识的世界以前,能够把动机等事情说明清楚,也同样可以获得认可。"

奥尔波特将人格特质区分为共同特质和个人特质。共同特质是人所共有的一些特质。所有人都具有这些人格特质,人与人之间都可以在这些特质上分别加以比较,如外向性,任何人都具备这一特质,个体之间的差异只在于不同的人具备此种特质的多寡或强弱不同而已。

个人特质是个人所特有的,代表着个人的独特的行为倾向。奥尔波特将个人

特质视为一种组织结构,每一种特质在这个人的人格结构中处于不同的地位,与其他的特质处于不同的关系之中。

他因而区分了三种不同的个人特质:(1)首要特质是指最能代表一个人的特点的人格特质,它在个人特质结构中处于主导性的地位,影响着这个人的行为的各个方面。(2)中心特质是指能代表一个人的性格的核心成分。(3)次要特质是指一个人的某种具体的偏好或反应倾向,如偏好某种颜色的衣服,闲暇时喜欢收拾房间,等等。显然,某种特质是一个人的首要特质,但在另一个人身上却是中心特质,在第三个人身上可能只是次要特质。人们通常用中心特质来说明一个人的性格。

奥尔波特认为每个人的特质都是以一种层次结构集中在一起:顶层是一个人的主要特征或关键特质;其下是一些中心特质,也就是一个人在日常生活中的凝聚焦点。最后在这一切之下的,是一大堆次要特质,每种次要特质都是由少数特殊的刺激引起的。

因此,一个人的行为在特殊事件上可能不大一致,但大体上还是相同的,例如:如果你观察一个人本来慢慢行走,后来又急急忙忙地拿着一本书回到图书馆,你可能会判断他是前后不一致的人,因为在一种情境之下他轻松自在,但在另一种情境之下他健步如飞。然而,那只是次要的特质行为。奥尔波特始终认为特质乃是人格中最基本和最稳定的单位。

小知识:

奥尔波特(1897~1967)

美国人格心理学家,实验社会心理学之父,"社会促进"概念的提出者,美国人本主义心理学家的代表人物之一。1939年当选为美国心理学会主席,1964年获美国心理学会颁发的杰出科学贡献奖。

著作主要有:《人格:心理学的解释》(1937)、《人格的本质》(1950)、《人格心理学的基本研究》(1955)、《人格的模式和成长》(1961)。

61. 甘为人梯的贝尔效应

> 英国学者贝尔天赋极高,曾经不止一个人预言,如果他毕业后进行晶体和生物化学的研究,一定会赢得多次诺贝尔奖。但他却心甘情愿地走了另一条道路,把一个个开拓性的课题提出来,指引别人登上了科学高峰。于是有人把他这种甘为人梯的行动称为贝尔效应。

宋朝的时候太尉王旦打算推荐寇准为宰相,因此,他多次向皇帝夸赞寇准的优点,希望皇帝能够重用他。然而寇准却完全和王旦相反,他在皇帝面前不仅不替王旦说好话,反而多次指责王旦的缺点。

有一天,王旦又向皇帝推荐寇准的时候,皇帝很奇怪地对王旦说:"你虽然经常夸赞寇准的优点,可难道你不知道他却经常说你的坏话吗?你为什么要这样做?"

王旦说:"其实,我觉得事情应该这样理解。我的宰相位子坐了这么久了,所以,在处理政事的时候,肯定会有很多失误。而寇准却能不顾我的官位比他大,对陛下不隐瞒我的缺点,这就愈发显示出他的忠诚,而我自己,也就是因为这点,才这么看重他的。"

有一次,王旦主持的中书省送寇准主持的枢密院一份文件,违反了规定,结果,寇准马上将此事向皇帝汇报,使王旦因此受到皇帝的责备,而且连具体承办这项工作的人也受到处分。

可事情过去还不到一个月,枢密院有文件送中书省,结果也违背了规矩,办事人员很高兴地把这份文件送交王旦。不过,让人意外的是,王旦不但没有告发寇

133

准,还把文件退还给枢密院,请他们主动改正。

对于这件事,寇准十分惭愧,他再次见到王旦的时候,恭维王旦度量大,王旦默不作声。后来,寇准升任武胜军节度使同中书门下平章事,寇准感谢皇帝时说道:"不是陛下了解我的话,我又如何能得到如此重用呢!"然而,皇帝却对他说:"这跟我没多大关系,主要是王旦推荐你的啊!"寇准更加敬服王旦。

王旦当大臣18年,其中当宰相12年,推荐过十几个大臣,其中未当上宰相的仅李及、凌策二人。在他的身上所反映的这种甘当伯乐的心理,就是心理学上所说的贝尔效应。德国哲学家尼采在《查拉斯图拉如是说》中提出的著名的人梯学说认为:

一、人类艰辛劳作的终极目的,是使最接近人类超越理想的完美个体诞生,因此,那些自愿被超越并且支撑超越者的个体是阶梯,而人类正是一个一个阶梯地向上进化的。尼采的人梯说对这个基本生存论—本体论事实有着深刻的领悟,与我们所提倡的贝尔效应是一致的。

二、作为阶梯的个体的价值,也是应当被肯定的。虽然他们距离终极理想远一些,但是他们作为人类个体,特别是作为阶梯使人类超越了自己,其意义更应肯定;从终极的角度讲,任何人类个体都注定要被超越,注定要成为超越者上升的阶梯,因此,如果不正面肯定人梯的价值,任何个体都只有被否定的意义。

总而言之,这一效应要求领导者具有伯乐精神、人梯精神、绿地精神,在人才培养中,要以国家和民族的大业为重,以单位和集体为先,慧眼识才,放手用才,敢于提拔任用能力比自己强的人,积极为有才干的下属创造脱颖而出的机会。

62. 著名作家为什么偷钱

> 所谓超限效应,就是指刺激过多、过强或者作用的时间过长,而引起别人厌倦、反感和不耐烦的心理现象。

美国人有个习惯,星期天去教堂听牧师讲道,松弛一下平日绷得太紧张的神经,净化自己的心灵,从烦恼中解脱出来,好让新的一周有一个新的开始。

因此,每到星期天,镇上的教堂钟声响起,人们便会陆陆续续地向着教堂走去。牧师是这里的主角,他负责讲解那些诸如为什么事情募捐、不要大声吵闹、不要爱发牢骚、不要背后说别人坏话、不要歧视弱者、不要逃税、要爱清洁、爱思考、爱谦让、爱护公物等等主题。虽然牧师讲述的都是上帝的旨意,但都是每个人都能听懂的浅显道理。当然,并不是所有的人都会去教堂听牧师布道,但是几乎每家都有信教的人。一人影响多人,一代传授一代。

当然,在众多的牧师中间,也会因为演讲的水平而分为上、中、下三等。这主要在于他个人的演讲技巧如何了。就像美国著名的幽默作家马克·吐温,有一次在教堂听牧师演讲。刚开始的时候,他看着牧师站在那里手扶讲台滔滔不绝,不仅演讲的内容十分丰富,而且肢体语言也表达得非常到位。

于是,马克·吐温就觉得应该在募捐的时候,自己一定要比别人多出两倍,来表示自己对这位牧师的尊重和支持。

然而,牧师在那里已经讲了四十多分钟了,却依旧没有要结束的迹象。这让马克·吐温有些不快了。

135

又过了近三十分钟,牧师的演讲依旧没有结束。马克·吐温有些生气了,觉得他这样做纯粹是在耽误大家宝贵的时间。于是,他决定在募捐的时候,只捐一些零钱。

又过了十分钟,牧师还没有讲完,于是马克·吐温生气地决定,自己绝对一分钱也不会给他捐的,真是太过分了。结果,又挨了很长一段时间,牧师终于结束了冗长的演讲,开始募捐了。当牧师端着募捐盘来到马克·吐温面前的时候,由于气愤,马克·吐温不仅一分钱未捐,而且,他还从盘子里面偷了二美元。

这种刺激过多、过强和作用时间过久而引起心理极不耐烦或反抗的心理现象,称之为"超限效应"。重复、冗长地讲解一件事情,就会使人从最初的接受到不耐烦最后到反感讨厌的反抗心理和行为。

作家偷东西是由于他的心理产生了"超限"效应的例子。生活中不乏超限效应的例子。上司一日多次的教训,妻子没完没了的唠叨都会使对方产生反感和叛逆的心理。超限效应在家庭教育中时常发生。如:当孩子不用心而没考好时,父母就会像祥林嫂一样不厌其烦地重复对一件事做同样的批评,甚至把不相关的事情也牵扯出来唠叨,使孩子从内疚不安到不耐烦最后反感讨厌。被"逼急"了,就会出现"我偏要这样"的反抗心理和行为。可见,家长对孩子的批评不能超过限度,应对孩子"犯一次错,只批评一次"。如果非要再次批评,那也不应简单地重复,要换个角度,换种说法。这样,孩子才不会觉得同样的错误被"揪住不放",厌烦心理、逆反心理也会随之减低。同样,频繁、廉价的表扬也是会适得其反的。

小知识:

米歇尔(1930～)

美国人格心理学家。他在人格的结构、过程和发展,自我控制以及人格差异等领域的研究十分著名。1982年获美国心理学会颁发的杰出科学贡献奖。

63. 罗密欧与朱丽叶效应

> 越是难以得到的东西，在人们心目中的地位越高，价值越大，对人们越有吸引力，轻易得到的东西或者已经得到的东西，其价值往往会被人所忽视。

家喻户晓的莎士比亚的名剧《罗密欧与朱丽叶》描写了罗密欧与朱丽叶的爱情悲剧：罗密欧与朱丽叶深深相爱，但由于两家是世仇，感情得不到家里其他成员的认可，双方的家长百般阻挠。然而，他们的感情并没有因为家长的干涉而有丝毫的减弱，反而相爱更深，最终双双殉情。

后来有人提出，正是由于相爱的阻力太大，反而更加激发了他们俩在一起的决心。如果他们的婚姻得到了双方家庭的祝福而一帆风顺的话，谁又能保证他们一定能彼此恩爱、白头偕老呢？

李杨和佳佳是某中学初中三年级的学生。同窗三年，加上两人性格比较类似，他们俩走到了一起，开始了"恋爱"关系。初三是关键时刻，这个时候孩子谈恋爱，老师和家长都急坏了。大家都狂轰滥炸地和这两个孩子谈话、写信，竭尽全力干涉他们的交往。然而，这种干涉反而为两个孩子增加了共同语言——他们有了共同的"敌人"和"目标"。于是他们更加接近，俨然一对棒打不散的鸳鸯。

后来，校长改变了策略，他将孩子和老师都叫到了校长办公室，他没有批评孩子们，反而说是老师误会了他们，把纯洁的感情玷污了，让老师不要过于约束他们的交往。过后，这两个孩子还是照样来往，但是没过多久，他们就因为缺乏共同点而渐渐疏远，最终由于发现对方与自己理想中的王子和公主相差太远而分道扬镳。

在现实生活中，也常常见到这种现象，父母的干涉非但不能减弱恋人们之间的爱情，反而使感情得到加强。父母的干涉越多，反对越强烈，恋人们相爱就越深，这种现象被心理学家称为"罗密欧与朱丽叶效应"。

为什么会出现这种现象呢？这是因为人们都有一种自主的需要，都希望自己能够独立自主，而不愿意自己是被人控制的傀儡，一旦别人越俎代庖，代替自己做出选择,并将这种选择强加于自己时,就会感到自己的主权受到了威胁,从而产生一种心理抗拒,排斥自己被迫选择的事物,同时更加喜欢自己被迫失去的事物,正是这种心理机制导致了罗密欧与朱丽叶的爱情故事一代代地不断上演。

　　心理学家的研究还发现,越是难以得到的东西,在人们心目中的地位越高,价值越大,对人们越有吸引力,轻易得到的东西或者已经得到的东西,其价值往往会被人所忽视。

小知识:

　　科勒(1887~1967)

　　美籍德国心理学家,格式塔心理学的代表人物之一。他主要研究了知觉规律,提出知觉的格式塔原则;还进行了猿猴行为的研究,提出动物学习的顿悟理论。1947年当选为美国国家科学院院士,1956年获美国心理学会颁发的杰出科学贡献奖,1959年当选为美国心理学会主席。

64. 你是否越过了门坎

> 当个体先接受了一个小的要求后,为保持形象的一致,他可能接受一项重大、更不合意的要求,这叫做登门坎效应,又称得寸进尺效应。

1984年,在东京国际马拉松邀请赛中,一位名不见经传的日本选手山田本一出人意外地夺得了世界冠军。当记者问他凭什么取得如此惊人的成绩时,他说了这么一句话:凭智慧战胜对手。

当时许多人都认为这个偶然跑到前面的矮个子选手是在故弄玄虚。马拉松赛是体力和耐力的运动,只要身体素质好又有耐性就有望夺冠,爆发力和速度都还在其次,说用智慧取胜确实有点勉强。

两年后,也就是1986年,意大利国际马拉松邀请赛在意大利北部城市米兰举行,山田本一代表日本参加比赛。这一次,他又获得了世界冠军。记者又请他谈谈经验。

山田本一性情木讷,不善言谈,回答的仍是上次那句话:凭智慧战胜对手。

十年后,他在自传中解开了这个谜:每次比赛之前,我都要乘车把比赛的线路仔细分成几个目标,第一个标志是银行;第二个标志是一棵大树;第三个标志是一座红房子……这样一直画到赛程的终点。比赛开始后,我就以百米的速度奋力地向第一个目标冲去,等到达第一个目标后,我又以同样的速度向第二个目标冲去。40多公里的赛程,就被我分解成这么几个小目标轻松地跑完了。刚开始的时候,我自己也并不懂这样的道理,我把我的目标定在40多公里外终点线的那面旗帜上,结果我跑到十几公里时就疲惫不堪了,我被前面那段遥远的路程给吓倒了。

在这里,山田本一运用的策略可以称为"目标分解法"。生活中也有这样的现象,在你请求别人帮助时,如果一开始就提出较大的要求,很容易遭到拒绝,而如果你先提出较小要求,别人同意后再增加要求的分量,则更容易达到目标。这主要是由于人们在不断满足小要求的过程中已经逐渐适应,意识不到逐渐提高的要求已经大大偏离了自己的初衷。这种现象被心理学家称为"登门坎效应"。

有位心理学家举例道：多伦多居民愿意为癌症学会捐款的比例为46%；而如果分两步提出要求，前一天先请人们佩戴一个宣传纪念章，第二天再请他们捐款，则愿意捐款的人数的百分比几乎增加一倍。

这是因为，人们都希望在别人面前保持一个比较一致的形象，不希望别人把自己看作"喜怒无常"的人，因而，在接受别人的要求、对别人提供帮助之后，再拒绝别人就变得更加困难了。如果这种要求给自己造成的损失并不大的话，人们往往会有一种"反正都已经帮了，再帮一次又何妨"的心理，于是，登门坎效应就发生作用了。

> **小知识：**
>
> **韦克斯勒(1896～1981)**
>
> 　　美国心理学家，韦氏智力测验的编制者。经过早年的研究与测试，他认为斯坦福—比奈测验只适用于儿童，而对成人则无法使用。于是他从1934年开始制定成人量表，并创造性地把比奈依据心理年龄计算智商的方法改换成运用统计方法计算的离差智商。

65. 偷内衣的小男孩

> 恋物癖是指对性爱对象的一种象征意义上的迷恋。患者一般通过抚弄、嗅、咬某物来获取性快感。所恋对象可以是与性有关的，如头发、内衣等，也可能是与性较少关联的物品。

一个男孩来到卡尔医生的心理诊所请求帮助。这个看到父母凌厉的目光就害怕、胆小、畏缩，除了跟家里人接触，很少跟同龄朋友一起玩的男孩，在卡尔医生的耐心鼓励下，讲起了压在内心的秘密：

小男孩名叫斯克特，是高中的学生，初三的暑假，斯克特去舅舅家玩，表姐正在浴室里洗澡，斯克特便隔着浴室门高声跟她打招呼。当时，表姐换下的内衣裤袜等物品都散乱地放在浴室外的一个凳子上。斯克特一看到这些女性物品，心里就有一种说不出的异样感觉，眼睛忍不住地一个劲儿盯着看……

表姐洗完澡出来，斯克特立即假装没有注意到这些东西，径直走回客厅看电视了。表姐大他六岁，一向把他当成不懂事的小弟弟，他们之间也不拘小节，表姐跟过来，坐在斯克特的旁边。表姐本来就长得挺漂亮的，刚洗过澡的样子就更加动人，湿漉漉的头发上散发出幽香的洗发水的味道，薄薄的睡衣下面还能隐隐约约地看到内衣的轮廓……斯克特忽然从心底涌起一阵冲动，感觉既紧张又新奇。在浴室门口，斯克特看到表姐换下的粉色胸衣，就偷偷地藏在自己的衣服口袋里。回到家后，斯克特将表姐的胸衣锁在自己的抽屉里，一有空就拿出来把玩，每次斯克特都能感到特别兴奋和满足。

从此，斯克特就不由自主地寻找女性内衣内裤。每次看到就极度紧张，心跳加快，大脑中想法极为模糊，只想取走这些内裤、胸罩等。拿到后就心满意足，如果拿不到就非常焦虑，紧张不安。有时他上商店去购买这类物品，有时则直接钻进女更衣室、女浴室去窃取。他自知行为丑陋，也曾下决心痛改前非，写过许多自我警告的誓言，但每当欲念发作时，又身不由己，不能自制。而事后又往往陷入悔恨、自责的深深痛苦之中。

其中有几次被人发现了,大人们纷纷把斯克特当成一个不正常的孩子挖苦和责骂,斯克特被逼着向父母保证坚决改正,绝不再犯。

一天傍晚,斯克特有事去女生宿舍找同学。不想,在楼下捡到一件从窗口掉下的胸罩,斯克特又立刻想入非非,不能自持。有了这次意外收获后,女生宿舍楼下就成了斯克特夜晚经常光顾的地方。终于,他的怪异举动被人察觉了。一天,斯克特在女生宿舍楼下,正偷偷摸摸地将一条女式内裤揣入怀中时,被宿舍管理员抓了个正着。接着,斯克特就像一只过街老鼠,被一大群人围住,羞辱声此起彼伏……斯克特羞得蹲在地上,不敢抬头,心里觉得自己十几年来所有的尊严、人格全都在这一刻丧失得干干净净了。

后来学校老师又告诉了斯克特的父母,父母从斯克特房间里发现了斯克特几年来收集的女式衣物,弄得斯克特无地自容,现在不敢去学校,不敢见熟人,连家长都不敢见了……

斯克特的这种行为,在心理学中称之为"恋物癖"。恋物癖一般起自青少年时期,几乎完全是男性。导致恋物癖的主要心理因素是性格孤僻,缺乏自信和沟通等。有"恋物"倾向的人有和异性交往、亲近的强烈愿望,但自身性格的不健全又令他们害怕、担心受到异性的拒绝、嘲笑,他们往往没有勇气和异性进行正常的交往,这使得他们的性欲求受到了不同程度的压抑。为了满足自己和异性交往、亲近的强烈愿望,失去了自信心的他们就只能"退而求其次",以偷窃、"占有"异性的贴身物件来"满足"和异性亲近的愿望了。

恋物癖患者可以透过医学和心理学的方法进行治疗。医学的方法即激素疗法,是透过注射制剂以降低性欲,这种方式需要经医师诊断后方可进行。心理学的方法包括认知领悟疗法、暗示疗法、厌恶疗法、脱敏疗法等。如,厌恶疗法即让恋物癖者自己设想偷窃被发现时羞愧难忍,无地自容的场面,从而产生对偷窃强烈的畏惧,以达到限制不良行为的发生。

对于恋物癖的防治要从幼儿教育开始,在不同年龄阶段要根据儿童与少年的心理特征进行必要的性教育,引导他们正确认识两性生理和心理的差异,消除对异性的过分神秘感,鼓励他们努力学习,积极参加集体活动,培养良好的个性,尤其是自制力、果断性和品德修养。这些措施都有助于预防恋物癖。

66. 喜欢扮做女人的牛仔

> 表演型人格障碍是一种以过分情感化和用夸张的言行吸引注意为主要特点的人格障碍。这类人感情多变、容易受别人的暗示影响,常希望别人表扬和敬佩自己,愿出风头,积极参加各种人多的活动,常以外貌和言行的戏剧化来引人注意。他们常感情用事,用自己的好恶来判断事物,喜欢幻想,言行与事实往往相差甚远。

戴弗斯出生在美国的一个小镇上,今年26岁,在这个牛仔之乡,他因为喜爱表现自己以及感情用事而被诊断为心理障碍,被送进医院,现在算来,已近10年了,但根本没有任何好转。

在10年前,戴弗斯不知道为什么,逐渐表现爱模仿戏装演员的动作,总是喜欢身着戏装或他姐姐的红毛衣,头扎鲜花,抹口红,说话娘娘腔,行为举止女性化。他对女装还特别感兴趣,经常在家里试穿妻子的衣服,而且,还特别喜欢逛女装店。

同时,他还比较容易发脾气,自己的愿望如不能得到满足,就会特别烦躁,甚至出手打人。他变得非常自私,把家里的电视机和洗衣机全都搬到自己的房间里,不许别人使用,并常紧锁门户,防止他人进入。

另外,他还特别爱听表扬的话,在与别人谈话的时候,总想让别人谈及自己的能力如何如何强,亲戚如何有地位,自己外貌如何出众等。如果别人谈及别的话题,戴弗斯就会千方百计地将话题转向自己,而对别人的讲话内容则心不在焉。因此戴弗斯常与家庭地位、经济情况、个人外貌等不如他的人交往,而对强于他的人

143

常常无端诋毁。

戴弗斯常常感情用事,以自己高兴与否判断事物的对错和人的好坏,对别人善意的批评,即使很婉转,也不能虚心接受,不但不领情,还仇视别人,迫使别人不得不远离他。因此许多人说他不知好歹。与别人争论问题时,总要占上风,即使自己理亏,也要编造谎言,设法说服别人。戴弗斯常到火车站站口或公共汽车上说明检票、售票程序。有时对人过分热情,但若别人稍违于他,就与别人吵架,从而导致关系破裂,几乎无亲密朋友。近几年来,他与人发生纠纷的次数越来越多,给家庭带来许多麻烦。

表演型人格障碍,又称癔症型人格障碍或寻求注意型人格障碍,或心理幼稚型人格障碍。从这些同义术语的字面含义中即可看出,此型人格障碍以人格的过分感情化,以夸张言行吸引注意力及人格不成熟为主要特征。关于癔症型人格与癔症的关系,过去认为二者是一脉相承的。但临床观察发现,癔症病人的病前人格为表演型的仅为20%,一些明显的表演型人格病人可终生不发生癔症,此情况表明表演型人格虽与癔症有关,但并非必然联系。因此,现在普遍倾向于使用"表演型"而回避"癔症型",以达到将"癔症人格"与"癔症"分开之目的。

对表演型人格障碍者进行治疗是很有必要的。对他们的治疗主要以心理治疗为主,如认知心理治疗,透过心理治疗的方法使他们偏离的人格得以纠正。

67. 15岁女孩竟然当了10年小偷

> 偷窃癖与小偷不同，其主要特征是反复出现不可克制的偷窃冲动，事前无计划，有逐渐加重的紧张兴奋感。行窃的钱物不是因个人实际需要，也不考虑偷窃物的经济价值，他们常将偷窃的物品丢弃、偷偷归还或收藏起来。他们都是独自进行偷窃，在体会到偷窃过程的刺激后紧张情绪得到了缓解，精神上得到了满足。

从5岁那年第一次偷走了爸爸的500美元开始，已经整整10年过去了，然而，莫尼卡的嗜偷成瘾却没有任何改变。心力交瘁的父母想尽了所有的办法，倔强而无奈的孩子却依旧控制不了自己。

莫尼卡5岁的时候，爸爸突然发现自己平时放在衣柜里的500美元不见了，直到很长一段时间之后，他们才发现盗窃者竟然是自己5岁的女儿，不过在当时，莫尼卡的父母并未太过指责孩子。

父母觉得，等她长大了，这个毛病自然就没了。然而，让他们怎么也没有想到的是，莫尼卡上二年级时，她竟然把老师的教科书给偷了过来，在自己的书桌里放了三天，最后觉得没意思，就把书又偷偷送还了。

还有一次，学校举办花卉展览，莫尼卡偷偷将一盆鲜花挪到了一个很不起眼的墙角里，然后，她又装着非常气愤地向校长举报有同学偷花。

直到她上6年级的时候，父母才恍然发觉：这个在家人面前不善言辞的乖女儿居然染上了如此恶习！面对父母一次次的劝告，莫尼卡每次都发誓要痛改前非，然而，"下不为例"的话却在父母的斥责和泪水中一次又一次地说了又说。

上初中后，莫尼卡继续偷着拿家里的钱。这些年当中，她已学会了娴熟地弄开抽屉的螺丝，粗暴地砸坏坚固的铁锁。其中，最厉害的一次，就是她将家里放在衣

柜里的1000美元偷偷拿走,然后用扳手打碎穿衣镜,逼真地营造出"有贼入室"的假象。这让家人信以为真。而当父母恍然大悟后,他们彻底绝望了。而且,父母也很不理解莫尼卡非常离谱的"销赃方式"——她从来都不给同学买东西,而是直接将钱送给同伴。每次"追赃",父母都要一次次地厚着脸皮来到同学家,重复说着同样的话:"我们女儿给你的钱还在不在……"

最后,父母不得不请来心理医生,面对医生,她表情漠然地说:"我也不想偷,但我控制不了自己。不知道怎么回事,我看到东西就想拿。我也觉得这样不好,我也想改,但我没有办法……"她甚至告诉医生:"我想过干脆进监狱,这样就偷不成了,要不然我自己都管不了自己……"

事实上,莫尼卡患了一种叫做"偷窃癖"的心理疾病。偷窃癖与小偷不同,其主要特征是反复出现不可克制的偷窃冲动,事前无计划,有逐渐加重的紧张兴奋感。行窃的钱物不是因个人实际需要,也不考虑偷窃物的经济价值,他们常将偷窃的物品丢弃、偷偷归还或收藏起来。他们都是独自进行偷窃,在体会到偷窃过程的刺激后紧张情绪得到了缓解,精神上得到了满足。这种行为障碍女性多于男性,有些偷窃癖从儿童五六岁就开始,最初往往被家人忽视,等上学后听到老师反映,才感到问题的严重性。

像所有的心理疾病一样,偷窃癖既是身病,又是心病,治疗的时候也要将身心两方面结合起来。首先,有关研究认为,某些偷窃癖患者,尤其是从童年就开始的偷窃癖患者大脑发育不良和脑内单胺代谢异常;其次,患者偷窃的行为源自内心的焦虑和强迫,大多数偷窃癖病人的道德观念是很强的,他们知道偷窃不对,会受到惩罚,但是又控制不了自己。对于他们来说,做了坏事没有受到惩罚跟做了好事没有受到表扬一样,心里是不舒服的,只有受到了应有的惩罚,心里才会踏实。偷窃行为的升级就是为了暴露自己,最后受到惩罚。偷窃是他们表达心声的一种方法。如果别人没有"听见",说明表达无效,必须继续努力,直到别人"听见"为止。只有东窗事发,他们的心声才会被"听见"。所以,偷窃癖病人总是不遗余力地暴露自己,不达目的,誓不甘休。问题是,周围的人能不能"听懂"他们的心声?

68. 查账的会计师

> 所谓"记忆的自我参照效应"，就是指我们在接触到与自己有关的信息或者事情时，最不可能忽视或者出现遗忘。

美国的一家科技公司有段时间不知道怎么回事儿，日常工作费用开支非常大，公司经理为了降低费用开支，开了好多次会议，并制定了相应的制度，结果收效甚微。

最后，他想出了一个办法。他雇了一位面孔冷酷、资历很深、有很多年会计工作经验的人。然后，经理把这位会计师的办公室，安排在一个有着大玻璃窗的办公室里，这样一来，他就可以看到在他前面办公的所有的员工。

另外，公司经理还告诉所有的员工说："他是被公司雇来检查所有的费用账簿的。"

就这样，每天早晨公司职员都会把一叠费用账簿摆在他的办公桌上。到了晚上，他们又来把这些账簿拿走交给会计部门。

就这样，奇迹出现了，在会计师来公司"检查"账簿的一个月时间内，公司所有费用开支降低至原来的80%。但是实际上，这家公司请来的会计师每天并没有检查账簿，但奇迹为什么出现了呢？

这主要是公司的人员出现了"自我参照效应"。公司请会计师这一客观事实，引起公司人员的神经冲动，开始产生心理活动，感知到"检查"，对"检查"做出整体反应，就是要进行自律，不能胡乱开支。

安德鲁·杰克逊是美国历史上最出色的政治家之一,他曾经于1837年出任美国总统。然而,在他妻子死了之后,杰克逊对自己的健康状况变得非常担忧,家中已经有好几个人死于瘫痪性中风,杰克逊也因此认定他必会死于同样的症状,所以他一直在这种阴影下极度恐慌地生活着。

有一天,他正在朋友家与一位年轻的小姐下棋。突然杰克逊的手垂了下来,整个人看上去非常虚弱,脸色发白,呼吸沉重。他的症状把旁边的人吓了一跳,他的朋友立刻跑到他身边。

"你怎么了?感觉什么地方不舒服吗?我们赶快去医院!"说完,朋友就要把他送往医院。

"唉!不用了,其实这种情况我早就预料到了,只是不肯相信罢了,看来,它最后还是来了。"杰克逊乏力地说:"我得了中风,我的整个右侧瘫痪了。"

"啊?你是怎么知道的呢?"朋友吃惊地问道。

"因为,"杰克逊答道,"刚才我在右腿上捏了几次,但是一点感觉也没有。这不就证明我右侧的知觉没有了嘛!"

正在这时候,和杰克逊一起下棋的那位姑娘却疑惑地说道:"可是,先生,要知道你刚才捏到的是我的腿啊!"

我们每个人都会受到一种"记忆的自我参照效应"的影响。所谓"记忆的自我参照效应",就是指我们在接触到与自己有关的信息或者事情时,最不可能忽视或者出现遗忘。这种效应的不利影响是,每当别人介绍一种病症的时候,自己总免不了会先想到自己是否出现过类似的征兆,如果不巧有两三点看似符合,就开始惊慌,怀疑自己是否已经病入膏肓,其实自己一点事都没有。

小知识:

波斯纳(1936~　)

美国心理学家,主要研究与选择性注意有关的神经系统结构和机能的发展,以及人在获取新技能的过程中大脑所发生的变化。1980年获美国心理学会颁发的杰出科学贡献奖,1981年当选为美国国家科学院院士。

69.顽童当州长

> 皮格马利翁是古希腊神话里的塞浦路斯国王,他爱上了自己雕塑的一尊少女像,并且真诚地期望自己的爱能被接受。真挚的爱情和真切的期望感动了爱神阿芙罗狄忒,就给了雕像以生命,皮格马利翁的幻想也变成了现实。我们把由期望而产生实际效果的现象叫做皮格马利翁效应。

"皮格马利翁效应"是一种因高期望值而产生的积极性回馈的因果关系。而《顽童当州长》的故事,则是"皮格马利翁效应"的一个典型的例子了。

罗杰·罗尔斯出生在纽约的一个叫做大沙头的贫民窟,在这里出生的孩子长大后很少有人获得较体面的职业。罗尔斯小时候,正值美国嬉皮士流行的时代,他跟当地其他孩童一样,顽皮、逃课、打架、斗殴,无所事事,令人头疼。

幸运的是罗尔斯当时所在的诺必塔小学来了位叫皮尔·保罗的校长,有一次,当调皮的罗尔斯从窗台上跳下,伸着小手走向讲台时,出乎意料地听到校长对他说:"我一看就知道,你将来是纽约州的州长。"校长的话对他的震动特别大。

从此,罗尔斯记下了这句话,"纽约州州长"就像一面旗帜,带给他信念,指引他成长。他衣服上不再沾满泥土,说话时不再夹杂污言秽语,开始挺直腰杆走路,很快成了班里的优等生。

四十多年间,他没有一天不按州长的身份要求自己,终于在51岁那年,他真的成了纽约州州长,且是纽约历史上第一位黑人州长。这个故事说明,教师对学生的赞扬与期待,将对学生的学习、行为乃至成长产生巨大作用。

上面的故事说明了"皮格马利翁"效应,该效应说明期望具有神秘的力量。不论你对一个人存有好的,或者是不好的期望,这些期望都会透过你的眼神、说话的方式等等你自己都没有意识到的途径,不知不觉投射到你期望的对象身上,并潜移默化地影响他,于是出现了这样的情况:"说你行,你就行;说你不行,你就不行。"积极的期望促使人们向好的方向发展,消极的期望则使人向坏的方向发展。因此,不论是对员工、伴侣还是孩子,如果你希望他能够向着你所期望的方向发展,你就要努力传递这样一种积极的期望。

与此相反,对少年犯罪儿童的研究表明,许多孩子成为少年犯的原因之一,就在于不良期望的影响。他们因为在小时候偶尔犯过的错误而被贴上了"不良少年"的标签,这种消极的期望引导着孩子们,使他们也越来越相信自己就是"不良少年",最终走向犯罪的深渊。

家庭教育中,有的家长发现孩子成绩上不去时,不是细心地找原因、想办法,而是一味地埋怨孩子"笨",这恰恰是孩子变"笨"的一个重要原因。因此,在家庭教育中,家长不要一味地埋怨孩子,不要在孩子面前说有损自尊心的话。孩子的智力发展水平是不平衡的,家长要注意启发,帮助孩子改进学习方法。要知道,"期望效应"才是一种高智培养方法。

小知识:

纽康姆(1903~1984)

美国社会心理学家,在个体的社会化、大学对学生的影响、问题青年的矫正等方面做出了很大贡献。1956年当选为美国心理学会主席,1974年当选为美国国家科学院院士,1976年获美国心理学会颁发的杰出科学贡献奖。

70. 扼住命运的咽喉

> 自励,是一种自觉,一种在困难面前不卑不亢和不屈不挠支持下的自觉;自励不求人恩赐,不靠人同情,不怨天尤人。

贝多芬诞生在波恩市的一个音乐世家,素有音乐神童的美誉。在他19岁那年,法国大革命爆发,他满怀激情地写了《谁是自由人》的合唱曲来表达自己对自由与民主的渴望。从此之后,他很快以自己的即兴钢琴迷住了维也纳人,其音乐旋律时而如细水潺流,时而如惊涛骇浪,时而如鸟语鸡鸣,时而如暴风骤雨。有人曾评论贝多芬的即兴曲"充满了生命和美妙"。

贝多芬30岁时,爱上了一个伯爵小姐朱列塔·圭恰迪尔,但她父亲嫌贝多芬出身低贱,硬是把女儿许配给一个伯爵。

这给了贝多芬极大的精神刺激,据说他的名曲《致艾丽斯》就是在这段时间内创作的。

虽然失恋给他带来了很大的痛苦,然而,更令他伤心的是他的耳朵逐渐开始变聋。他在给朋友的一封信中写到:"我过着一种悲惨的生活……如果做别的工作,也许还可以;但在我的行业里,这是最可怕的遭遇!"贝多芬曾竭力治疗,却无济于事,他搬到维也纳乡下去疗养了两年。结果病情不但没有好转,反而更加恶化了,就连窗口对面的教堂钟声都听不到了。

绝望中,贝多芬无数次想到了死,但他又很不甘心,最后,他坚信音乐才能拯救自己。他在给朋友的一封信中写到:"我要扼住信命运的咽喉,不容它毁掉我!"贝多芬立志要在余生中从事音乐创作。从此,维也纳的宫廷乐会少了一位出色的钢

151

琴弹奏家,但世界乐坛却诞生了一位不朽的作曲家。

从32岁起贝多芬开始音乐创作,在近两年的彷徨与探索后,他终于创作出第一部具有自己鲜明特点的作品——《第三交响曲》(《英雄交响曲》),其最突出的特点是音调跌宕起伏,时而沉静凝思,时而愤慨咆哮,令人情绪激愤。贝多芬创作《英雄交响曲》,本来是想献给拿破仑的,但他听到拿破仑在巴黎圣母院加冕称帝的消息时,非常愤怒,立刻涂去原来写好的献词,而是把它改成《英雄交响曲》——为纪念一位伟大的人物而作。

法军在占领维也纳后,趋炎附势的奥地利贵族们争先向占领者们献媚,其中也包括李希诺夫斯基公爵,他强迫贝多芬为法军军官弹奏钢琴听,这使贝多芬忍无可忍,他操起一张凳子向公爵扔去,并在当晚离开了公爵家。行前留下一张纸条,上书:"公爵,您所以成为一个公爵,只是由于偶然的出身所造成;而我之所以成为贝多芬,却是由于我自己。公爵现在有的是,将来也有的是,而贝多芬却只有一个!"

另一次,当贝多芬与歌德一同散步时,迎面撞见了皇后、王子和一群贵族们。面对他们,歌德立刻让路,而贝多芬则坦然地说:"让路的应是他们,而不是我们!"但歌德还是摘下礼帽,躬身立在路旁,而贝多芬则背着双手,阔步向前。结果王子认出是贝多芬,连忙脱下礼帽向他致意,其侍从们也毕恭毕敬地分列两边,目送贝多芬挺胸而过。那次,贝多芬真正感到了做人的尊严。

54岁的时候,贝多芬创造出《第九交响曲》(《欢乐颂》)。他前后用了六年时间来创作、修改这部曲子。1824年5月7日,《第九交响曲》首次在维也纳卡德剧院演奏。贝多芬亲自指挥演奏,他既不看眼前的乐谱,也听不见丝毫的琴声。他全凭自己的记忆来指挥这场演奏。结果听众们兴奋若狂,不时爆发出热烈的喝彩声,鼓掌次数多达五次!要知道,皇族成员出场也不过鼓掌三次而已。

从心理学上讲,贝多芬之所以在极度困苦的状况下,一再创作出辉煌无比的音乐篇章,这与他的自励人格有极大的关系。自励人格的突出特点是能很快将生活中的压力转化为自我励志的动力,并在不断的奋斗中获得精神上的满足。自励人格的人还很善于升华个人的精神痛苦,他们会把每一次生活挫折都当成个人成长的契机,从而磨练个人的意志。

贝多芬的可贵在于他每每生活失意时,都会在音乐创作中寻求内心的平衡,以及他的傲视达官显贵,不因自己出身卑贱就去刻意巴结他们。他在音乐创作当中也体现出他的傲骨,他谱写的旋律可比惊涛骇浪,可如气壮山河,充满了个性特征。

71. 被自信惯坏的孩子

> 自恋型病态人格是人格障碍之一，其特征为：自我欣赏，又很在乎别人是否关注自己，并且期望得到别人的认同或赞美，但因为缺少与他人平等相处、沟通的能力，所以活得很累。

由于拿破仑从小就好斗勇猛，父亲在他10岁时将他送到军官学校学习。初到军校时，备受歧视，他没有别的办法对待他们，只有与他们打架。他虽身材矮小，势单力薄，却从不屈服，最后打出了同学们对他的敬畏。

法国大革命爆发后，拿破仑投入这场革命。1793年，面对王党分子的疯狂反扑，拿破仑被派往参加围攻土伦的战役。在这当中，他巧用炮兵，身先士卒，表现出非凡的军事才能与勇气。拿破仑由此不断受到提拔，并一再创造军事上的辉煌。他曾先后出征意大利和埃及，多次创造以少胜多的战绩。拿破仑在早年生活中，相信自己胜过信上帝。在短短的五年内，他由一个默默无闻的炮兵上尉跃升为一个率领数十万大军的将领，靠的全是自己的战功，而不是任何人的提携。

1799年11月9日，拿破仑发动了雾月政变，解散了共和国的督政府，把权力交给自己为首的三位临时执政。拿破仑对国内加强中央集权，修订法律，控制舆论，扩充军备，并坚厉打击王党分子和雅各宾派；对外征战不断，扩张领土。拿破仑在法国的崛起，极大地震撼了欧洲各国的王室。他们视法国大革命为洪水猛兽。1800年英、俄、奥等国组成反法同盟，但拿破仑亲率两万兵马，出其不意地翻越了法国与意大利交界的羊肠小道，一举击溃奥地利在意大利的驻军。同时，拿破仑又向沙皇保罗一世献殷勤,使他退出了反法同盟。奥地利的战败与沙俄的退出,使英国陷入孤立,最后不得不于 1802 年 3 月 25 日与法国签订《亚眠和约》,承认拿破仑在欧洲占领的疆土。这一系列胜利使拿破仑在国内的声望升到了极点,他被推举为法兰西共和国终身执政。

但拿破仑的梦想是成为法国的始皇,于是在巴黎圣母院举行加冕盛典。但他根本就不满足于登上法国皇帝的宝座,他还大肆瓜分欧洲领土,把自己的兄弟与近臣分封到这些地方去做国王、大公。到 1810 年,拿破仑不仅是法国的皇帝,又是意大利的国王,莱茵邦联的保护者,瑞士的仲裁人,西班牙、荷兰、那不勒斯王国、华沙大公国及其他附庸国的太上皇。对于拿破仑的侵略行径,欧洲列强也不善罢甘休。从 1806 年到 1810 年,共有三次反法同盟组成,虽均告瓦解,但反抗总是不断。

1812 年拿破仑又率六十万大军征讨俄罗斯。俄军统帅库图佐夫元帅对拿破仑大军采取了主动撤退,坚壁清野的策略,并在拿破仑逼近莫斯科时焚城三日。这使拿破仑陷入了空前的困境,结果拿破仑的 60 万大军在天寒地冻及俄国正规军与游击队不断骚扰下彻底瓦解了,他只率 2.7 万残兵败将退回巴黎。而这次的失败,也为他敲响了命运的丧钟。1813 年春,俄、英、普、奥、瑞典等国组成第六次反法同盟。1814 年 4 月 6 日,在众叛亲离、大势已去的情况下,拿破仑终于签署了退位诏书,被流放到地中海的厄尔巴岛。

拿破仑一生的兴衰告诉人们:过分自信会导致自恋。而自恋可使人分不清梦想与现实之间的鸿沟,梦想意志可以战胜一切。拿破仑的自恋使他陷入盲目自信的泥潭,过高估计自我重要性及个人能力,贪婪得不知天高地厚。他以自我为中心,处事极端化,当受了批评、遇到挫折或失败后,表现出震怒、自卑、羞惭,常有过激和抑郁反应。

拿破仑是一个被自信惯坏了的孩子。他不明白成功可以使人变得自信,也可以使人变得自负,而众望所归随时都可以变成众矢之的。所以,对于自己的屡屡得手,拿破仑没有危机意识,有的只是冲击意识。结果他战胜别人的次数越多,输给自我的机会就越大。

当然,每个人都是应该爱自己的,然而,若是爱过了头则又十分危险了。自恋者之所以生活得很辛苦,就是因为太在意自己,太渴望得到别人的赞美或认同。

面对自恋,莎士比亚曾给人们提供了一个很好的药方,那就是"慷慨"、"坦荡"以及开朗的个性。他用这些来提醒我们,若是哪天我们对自己的关心不再处于优先的地位,那么,生活的烦恼就会离我们而去,高山会变成平地,河川也会改变河道。

72. 腕表丢失之后

> 强迫型人格障碍是一种以要求严格和完美为主要特点的人格障碍。这类人过分认真,过分注意细节,为自己建立严格的标准,在思想上呆板、保守;在行动上拘谨、小心翼翼,遇事优柔寡断,难以做出决定。经常自我怀疑,担心达不到要求而使神经常处于焦虑和紧张之中,得不到松弛。

奥努玛对心理医生说:"我家离美国很远,家里很穷,父母均为农民。我在家里排行老大,我有三个弟弟两个妹妹。因生活的艰难,使我从小就很懂事,也能理解父母的辛劳。

因此,我对自己的要求非常严格,无论是在学习或做农活上,我从来都不允许自己浪费一点儿时间。那时候,我的学习成绩很好,每次考核都是全校的第一名,没有一次意外。

父亲看我从来都没有给他丢过脸,于是就省吃俭用,给我买了块腕表,来表示对我的肯定和奖励。

我真的非常高兴!就这样,每天都戴着它,度过了三个多月,连睡觉的时候,我也从来没取过。我总害怕把它弄丢了。然而,有次在体育课上我还是把表弄丢了。

当时,我一下子懵了。要知道,父母挣钱多不容易,如果他们知道弄丢了,会有多伤心。所以,我的内心非常内疚,常常有意识地到操场上努力寻找,希望能够发现,但始终没找到,也不敢告诉父母,成绩也开始下降。"

讲到这里,他有些颓丧。"后来,我家买了两个新沙发,我们都很喜欢,有空就和弟弟、妹妹们一起在沙发上玩耍或看书。有一次,妈妈看到我们在沙发上打闹,就说别让我们把沙发给弄坏了,以后不允许我们在沙发上看书或打闹。

从此之后,我真的再也不敢坐沙发了,后来竟然发展到看到凳子也害怕起来。最后我毕业了,找不到工作,就一直待在家里整天为看病四处奔波,也花光了家里所有的积蓄。我心里很不好受。

而且，我最苦恼的，就是小便失禁，总想去厕所，但又感觉应当控制一下。结果是，越想控制则想去厕所的念头就越强烈。特别是吃饭之后想去厕所，拼命克制自己不去，结果吃了饭就吐，按胃病治了很久也未奏效。这样的症状持续了3年，什么事也做不了，真是苦不堪言。

最后，我就找了份导游的工作，来到了美国，并留了下来。原本以为事情全都过去了，可最近这段时间，我总是想自己是否渴了或者饿了，该不该坐椅子，泡在盆里的衣服是现在洗还是过一会儿洗，见到电灯就要反复检查开关，出门时要反复看是否锁好门等等。医生，该怎么办？我的病还能治吗？"最后，他显得非常紧张地问道。

事实上，它是一种象征性的解除焦虑的心理防卫机制。他表现出的是有别于精神因素引起的恐惧症，于是心理医生决定从心理方面寻找原因，并诊断为强迫型人格障碍。

强迫型人格障碍的成因，心理学家发现其形成有一个较长的时间性，一般形成于个体的幼年时期，并与家庭教育和生活经历有着直接原因。如父母管教过分严厉，要求子女严格遵守规范，造成孩子遇事过分拘谨，生怕做错事遭到父母惩罚，从而形成优柔寡断的性格，并慢慢形成经常性紧张、焦虑的情绪反应。

再如一些家庭成员过于讲究卫生的生活习惯，也可能对孩子产生影响，甚至使孩子形成"洁癖"，产生强迫性洗手等行为。另外，幼年时期受到较强的挫折和刺激，也可能产生强迫型人格。有研究表明，强迫型人格还与遗传有关，家庭成员中有患强迫型人格障碍的，其亲属患强迫型人格障碍的概率比普通正常家庭要高。

小知识：

斯腾伯格（1949～　）

美国心理学家，最大的贡献是提出了人类智力的三元理论。此外，他还致力于人类的创造性、思维方式和学习方式等领域的研究，提出了大量富有创造性的理论与概念。

73. 直觉，让女人神机妙算

> 女人这种超常的直觉能力，常常使她们的丈夫惊叹不已，而且有些恐慌。她们的这种直觉能力为什么如此敏锐呢？

大家都知道，女性的直觉非常敏锐，这似乎是早有定论了。我们先看看下面的两个案例：

杜拉斯在和情人约完会之后，就赶快把吃饭的收据、饭馆的火柴等等，那些任何都有可能成为物证的东西，统统扔掉。然后，才舒服地坐进了车里面，心想这下到家之后，老婆该不会再觉察到什么吧？回到家，在他刚刚进门的时候，他又来了一番表演："唉！今天真是累坏了。我去接待公司里一个老客户，真是受不了！"

"你撒谎，今天晚上到底干了什么，对我说清楚！"老婆好像觉察出什么似的，发疯地吼道。

的确，这种能耐简直是能洞察一切。哪怕是千里之外的不正当的男女幽会也能够一眼看出。女人这种超常的直觉能力，常常使她们的丈夫惊叹不已，而且有些恐慌。她们的这种直觉能力为什么如此敏锐呢？

有人说，男性更加理智而女性更加感性，还有人说，男性更加宽容而女性更加敏感……总之，男性和女性之间确实存在着很大的心理和行为差异，关于性别差异的问题有一些有趣的研究，还是很有意思的。

1. 约有25%的男性，在第一次约会时就爱上对方，但女性到了第四次约会，才有 15% 爱上对方。

2. 女性做决定的速度比男性快。

3. 男孩子比女孩子更爱支配别人。成年后婚姻生活越长久,妻子就越成为被支配者。

4. 大多数婚姻危机的根源不是没有爱,而是不能以对方所能接受的方式表达爱。所以,男士们应该学一点女性心理学,弄清楚妻子到底需要什么,她把什么行为视为爱,她喜欢哪种表达爱的方式,然后用心去爱,一定能够得到加倍的回报。

5. 大多数对成年人所做的调查都显示,男性和女性爱搬弄是非,制造谣言的程度是一样的。

6. 约有 2/3 或 4/5 的酗酒者是男性。十个丈夫中,只有一个会与酗酒的妻子生活;但十个妻子中,却有九个会继续与酗酒的丈夫生活。

7. 犯罪的单身男性比已婚男性多,而犯罪的单身女性则比已婚女性少。

8. 声称快乐满足的已婚男性几乎是单身男性的两倍,但已婚的女性却比单身女性更常表示不快乐,不管有无孩子。

9. 关于做梦。男性较经常梦见陌生环境里的陌生男人,一般多与暴力有关,即使梦见女性,多半与性爱有关。女性在梦境中,总是梦见熟识环境里的朋友和亲人。女性的梦境通常在户外,气氛大多友善,除非是月经来临前,这时女性做梦时会觉得懊恼和紧张厌烦。

10. 一家德国报纸组织了一次测验,在慕尼黑的一间商店里装了一面长镜,然后观察经过长镜的男女,看他们有着怎样的反应。在八小时的观察中,共有 1 620 个女人经过这面长镜,1/3 停下来短暂地望她们自己;而差不多所有 600 个经过长镜的男人都停下来好好望自己,大多数又往后望,看看是否被人注意。

> **小知识**:
> **拉施里(1890~1958)**
> 美国神经心理学家、行为主义者。他以在神经心学方面的精致的实验研究而闻名,提出了大脑机能定位问题上的两个重要原理,均势原理和整体活动原理。1929 年当选为美国心理学会主席,1930 年当选为美国国家科学院院士。

第四章

医学心理学

　　医学心理学是心理学的一个重要分支,它是把心理学的理论、方法与技术应用到医疗实践中的产物。医学心理学是心理学与医学的交叉,是医学与心理学结合的边缘学科。它既具有自然科学性质,又具有社会科学性质。医学心理学研究的对象主要是医学领域中的心理学问题,即研究心理因素在疾病病因、诊断、治疗和预防中的作用。

　　人的身体和心理的健康与疾病,不仅与自身的躯体因素有关,而且也与人的心理活动和社会因素有密切联系。临床实践和心理学研究证明,有害的物质因素能够引起人的躯体疾病与心理疾病,有害的心理因素也能引起人的身心疾病。与此相反,物质因素(例如药物等)能够治疗人的身心疾病,而良好的心理因素与积极的心理状态能够促进人的身心健康或作为身心疾病的治疗手段。

　　本章的目的是让读者不仅了解医学心理学上的理论意义,而且更希望能对读者起到更大的实践意义,使读者在了解医学心理学的同时,运用心理学的理论与方法探索心理因素对健康与疾病的作用方式、途径与机制,更全面地了解人类躯体疾病与心理疾病的本质,更全面、有效地诊治、护理与预防各种心理疾病,提高自身素质,促进身心健康。

74. 江湖骗子梅斯梅尔

> 梅斯梅尔无意中发明一种方法,可以使他"操控"人的磁场,并使人们进入一种"临界状态",在这种"临界状态"中,病人会有各种各样的不同反应,待这种兴奋过后,病人即可痊愈。梅斯梅尔称这种方法为"动物磁气疗法"。

1778年,在凡多姆宫的一个大厅里,灯光昏暗、明镜高悬,满屋子巴洛克怪诞气息。十来位衣饰簇新、着装优雅的女士和先生们围坐在一个橡木大桶边上,每人都手握一根从木桶里伸出来的铁棒,木桶里面装满磁铁屑和一些化学品。隔壁房间里传来玻璃敲打乐器送出来的阵阵低婉的呜呜声,不一会儿,乐声缓缓消失,房门打开了,走出来一位令人敬畏的人物,他步履沉重而庄严,一身紫袍随风轻飘,手握一根令牌一样的铁棒。

这位神秘人物一脸严峻,阴森恐怖,一张下颌宽大的脸,很长的大嘴巴,还有高挑突出的眉毛。他一出现,病人们立刻呆若木鸡,浑身震颤。神秘人物紧盯住其中一位男士,然后一声令下:"入睡!"这男士的眼睛就闭上了,他的头也无力地垂在胸前,其他的病人都直喘粗气。接着,神秘人物又紧盯住一位妇女,用铁棒缓缓地指着她,她浑身发抖,大叫起来,因为一股麻刺感通遍了她的全身。随着神秘人物沿着圆圈继续往前进行下去,病人的反应也越来越激烈。最后,他们当中的一些人会尖叫起来,双臂扑腾,然后晕厥。

从这之后,许多到场的病人,他们所患的病各色各样,从忧郁到瘫痪不等,都感

74. 江湖骗子梅斯梅尔

觉到病症全消,甚至当场医好。

而这位神秘人物,就是弗兰茨·安东·梅斯梅尔医生。而他的这些行为也被称作"梅斯梅尔疗法",它成了各种患者最后的疗救希望。

他在18世纪70年代,当德国先天论者和英国联想主义者们还在依靠沉思默想了解心理学的时候,作为医生的梅斯梅尔却已经在使用磁石治病,其理论依据为,如果人体的磁力场得到校正,心灵和身体上的疾病就可以被医好。因此,梅斯梅尔的收费尽管非常昂贵,可求医者依然趋之若鹜。

虽然这种理论是纯粹的胡言乱语,但在当时,依靠这种理论形成的治疗办法却产生了戏剧性的疗效,有一阵子,梅斯梅尔医生在巴黎和维也纳红极一时。

"梅斯梅尔疗法"的形成是这样的,1773年,一位少妇来拜访他,因为她患了一种病,其他的医生都治不好。梅斯梅尔也治不好她的病,不过,他突然想起以前与一位名叫黑尔的耶稣会士的谈话,这位牧师对他说,用磁石有可能会影响到人体。

于是,梅斯梅尔就买了一套磁石,这位妇人第二次来的时候,他小心翼翼地摆弄起磁石来,一块接一块地往她身上不同的部位贴。她开始发抖,不一会儿就浑身痉挛起来。梅斯梅尔认为这就是"危象",等她醒过来时,她说症状轻松了许多。然后在进一步进行了一系列的治疗后,她的病症全部消失了。(其实她患了歇斯底里神经症,康复原因是暗示的结果。)

后来,国王的一个特别委员会,调查他的疗法后,正确地指出,梅斯梅尔的磁力根本不存在,但他们也错误地报告说,磁力治疗的效果仅只是"想象"而已。此后,梅斯梅尔氏疗法的名声江河日下,不得不离开了名望尽失的伤心地,他生命的最后30年是在瑞士度过的,处于相对的隐居之中。

其实,梅斯梅尔的方法并非完全错误,在其治疗效果中,包含着催眠作用。后来学者们采纳了这一点,加以发展,成为产生目前的催眠术的基础。催眠是由催眠师的诱导而暗示出现的一种类似睡眠又非睡眠的意识恍惚状态。在进入催眠状态后,人的意识活动并未停止,只是变得恍惚不能自主,其心理活动一般有以下几个主要特征:

1. 感觉麻痹:有些实验对象者在催眠状态下,甚至可以接受手术而不感到疼痛,以致有些医生曾用它代替麻醉药物。

2. 感觉扭曲和幻觉:催眠状态下的人可能出现幻听和幻视现象。即在没有刺激的情况下听到声音或看到形象,或将臭味闻成香味。

3. 解除抑制:一般情况下,那些依据社会准则不能做的事情是受到抑制的,人们不可能让实验对象者去做,但是在催眠状态下,抑制被解除,他就可能根据催眠者的指示去做,如当众脱衣、对别人施暴等。

4. 对催眠经验的记忆消失：催眠者的暗示不仅指导着实验对象当时的心理活动，还可以影响到事后的行为。最常见的是告诉实验对象他将不记得当时发生的一切，从而造成清醒后对催眠状态的记忆完全缺失。

大量研究结果指出人们对催眠的受暗示性存在很大的个体差异。有十分之一的人对催眠诱导根本没有反应，在另一极端最容易接受催眠的人也只有十分之一。至于受暗示性的实质，人们发现对催眠的受暗示性与一个人的态度和期望密切联系，凡对催眠持积极态度，相信催眠的可能性，同时又对该催眠师表示信赖时，他就容易很好地配合接受暗示并取得成功。这也与我国在宗教信仰上常用的一句谚语"心诚则灵"正相符合。

小知识：

弗兰茨·安东·梅斯梅尔（1734～1815）

在18世纪70年代，当德国先天论者和英国联想主义者们还在依靠沉思默想了解心理学的时候，作为医生的梅斯梅尔却已经在使用磁石治病，其理论依据为，如果人体的磁力场得到校正，心灵和身体上的疾病就可以被医好。

75. 弗洛伊德听来的案例

> 弗洛伊德说，人类总是把过去生活中对某些人的感知和体验安到新近相识的人身上，这就是移情。

早在1882年，弗洛伊德就从布洛伊尔那里听到了安娜的病例，布洛伊尔说，安娜一直很健康，成长期并无神经症迹象。她非常聪明，对事物有十分敏锐的直觉，智力极强，有很高的诗歌禀赋和想象力，但受到严厉的和带有批判性的抑制。她意志力坚强，有时显得固执，情绪上总是倾向于轻微的夸张，像是很高兴而又有些忧郁，因而有时易受心境支配，在性方面发育很差。布洛伊尔将她描绘成一位"洋溢着充沛智力"的女子。

安娜在21岁的时候，她父亲患了胸膜周围脓肿。安娜竭尽全力照顾父亲，不到一个月，她自己也出现了诸多症状，如虚弱、贫血、厌食、睡眠紊乱、内斜视等。

按布洛伊尔的说法，"这段时间安娜和她的母亲共同分担着护理父亲的责任"。她的症状迅速加重，发展为肢体的痉挛和麻木，并伴有交替出现的兴奋、抑制和失神状态。

12月11日，安娜卧床不起，直到次年的4月1日才第一次起床。4月5日，她父亲去世，"她爆发出异乎寻常的兴奋，在这之后，持续两天的深度昏迷"。接着她似乎平静了些，但仍有幻觉和"失神"、睡眠障碍和饮食障碍，出现过语言方面的错乱和强烈的自杀冲动。

随着治疗的推进，安娜的一些症状消失了，但这并不完全是由于催眠的作用，因为布洛伊尔当初就强调,安娜"完全不受暗示的影响,她从不受一丁点儿的断言的影响,而只是受争论的影响",所以对于安娜来说,症状的缓解不如说是自我暗示和宣泄的作用。

其中给弗洛伊德留下了深刻的印象是:安娜在治疗中说出她的某些"幻觉"——其实应当包含引发症状的诱因后,她的症状就会消失。

这类典型例子就是安娜曾看见一只狗从杯子里喝水。她可以长达六个星期的时间在干渴得无法忍受时,也不喝水。在催眠状态中,她诉述自己童年时,如何走进她不喜欢的女家庭教师的房间,看见她的狗从玻璃杯内喝水,引起了她的厌恶,但由于受尊敬师长的传统影响,只好默不作声。她在催眠中,恢复了她对这个往事的回忆,尽量发泄了她的愤怒情绪,此后她不能喝水的怪病才消失。

从安娜的病例可以看出,"某种症状可以用交谈法治疗,这个交谈疗法要在催眠状态下实施;并且,要使之有效,需采用大声说出症状的原始起因的方式",也就是说,安娜在治疗中重新体验了以往的创伤性事件和相应的情感过程,症状由此而得以缓解。安娜自己称这种方法为"谈话疗法"或"扫烟囱"。显然,这就是弗洛伊德四年后开始对他的病人实施催眠时所用的"催眠宣泄"法。

其次,安娜的病案中最有意思的,就是布洛伊尔和弗洛伊德对其症状和治疗过程有不同的看法,表面看来,这只是学术上的分歧,但实际上它所涉及的是精神分析中的一个基本问题:移情和反移情。布洛伊尔在叙述安娜的病史时,说她在性方面的发育极不成熟。

而弗洛伊德则认为:任何一个人,若依照过去二十多年来得到的知识来阅读布洛伊尔的病例史,将会立刻觉察到它的象征作用——蛇、坚硬的、臂膀瘫痪,以及在考虑到那位年轻女士在患病的父亲床边所发生的情境时,将很容易猜测对她的症状的真正解释;因此,布洛伊尔关于性欲在她的心理生活中所起作用的意见由此而和她的医生的意见大相径庭。

按照精神分析的看法,布洛伊尔之所以在病史中对安娜的性发育如此强调,似乎与他要回避治疗中的某种尴尬、急于证明自己的清白有关。布洛伊尔后来是反

75. 弗洛伊德听来的案例

对精神分析的很多说法的。这就是反移情。

其实,反移情就是精神分析学说中的一个术语,它有两种不同的用法:

1. 指在治疗过程中,治疗者无意识地被激发的情感,指向了求助者,将求助者当成治疗者过去生活中的一个重要人物的代表。在这个意义上说,"反移情"只是说明了一种方向,问题仍然是移情,因为"移情"一词通常是指求助者流向治疗者的感情。此处的"反"意味着相反方向的感情流动。例如一个老年求助者使治疗师想起了自己的父亲,结果抑制了治疗者对面前的求助者进行指导。

2. 是指治疗者对求助者移情的反应。在此形式中,"反"表示治疗者对求助者向他身上移情时的刺激给予反应。例如,当求助者将他的仇恨感情移向治疗者时,治疗者没有查出这种感情的移情性起源,而感到自己成了求助者发怒的真正对象,从而自己也以愤怒相回报。

由此,反移情提出了一个问题,在心理治疗中,治疗者能够具有现实主义的感知是十分重要的。因为这些情感问题几乎不可避免,并不像有些人认为是技术或者态度上的失败,而是要求治疗者继续加以注意。治疗者应该允许求助者的认同心理,同时透过内省、自我分析和现实检验来正确解决。

小知识:

斯宾塞(1907~1967)

美国新行为主义心理学家,由于对条件作用和学习的理论和实验研究而著名。1955年当选为美国国家科学院院士,1956年获美国心理学会颁发的杰出科学贡献奖。

76. 弗洛伊德与埃米夫人

> 自由联想法是弗洛伊德进行精神分析的主要方法之一：让病人在一个比较安静与光线适当的房间内，躺在沙发床上随意进行联想，最终发掘病人压抑在潜意识内的致病情结或矛盾冲突，把他们带到意识域，使病人对此有所领悟，并重新建立现实性的健康心理。

40 岁的埃米夫人出生于富人家庭，她 23 岁结婚，丈夫是个实业家，比她大很多，婚后不久即死于中风。这之后的 14 年中，埃米一直为各种病痛所苦，频繁在各地接受过电疗、水疗等。她有两个孩子，分别为 14 岁和 16 岁。有段时间，埃米的病情加重，有抑郁、失眠、疼痛，被推荐到弗洛伊德处就诊。弗洛伊德建议她与孩子分开，住到疗养院去，以便可以"天天去看她"，埃米接受了。

弗洛伊德一开始用的是催眠暗示：我只要面对着她，握住她的一个手指，命令她入睡，她就陷于迷茫和胡涂的样子。我暗示她只要睡得着，她的所有症状将会改善等等。她闭着眼但清楚地集中注意听着这些话，她的面部逐渐放松，显得平静的样子。

在接下来的治疗中，弗洛伊德不再满足于单纯地让病人接受暗示，他开始在催眠状态下与埃米谈话，知道了她的童年经历。

傍晚，在催眠状态下……我问她为何如此容易受惊，她答道："这与我很年幼时的记忆有关。"我问她什么时候，她又说："我 5 岁时，我弟弟和妹妹经常向我扔死的动物，那是我第一次晕倒和痉挛。但我姑妈说这是不光彩的事，我不应当有那样的发作，因此我不再有那样的发作；当我 7 岁

76. 弗洛伊德与埃米夫人

时,我出乎意料地看到了我妹妹躺在灵柩中;8岁时,我弟弟经常披着被单,扮成鬼来吓唬我;9岁时,我看见姑妈在灵柩里,她的下颌突然掉下来,我再一次地受到惊吓。"

随后,弗洛伊德在治疗中,采用了大致相似的方法,对埃米实施催眠,叫她讲述她的每一个症状的起源。

他询问埃米,当事情发生的时候是什么引起她的恐惧、令她呕吐,或者让她心烦意乱等等。埃米的应答是唤起了一连串的记忆,通常还伴随有强烈的情感。

之所以这样,弗洛伊德说:"我的治疗旨在扫除这些画面,使其不能再展现在她眼前。"在传统催眠中,扫除这些画面主要靠治疗师的暗示,病人只是被动地接受暗示;而弗洛伊德在这里则是让病人进入催眠状态,与病人对话,让她谈出这些画面,即所谓"宣泄",以此来达到清除的目的。

不难看出,对埃米的治疗在很大程度上是安娜的"谈话疗法"的延续。但弗洛伊德并不只是停留在对病人施行催眠上,他在探索这种方法的意义和可能达到的治疗效果。宣泄显然已经包含了压抑的意义:当患者处于正常心理状态时,这些经历完全不在他们的记忆中,或只是以非常扼要的形式存在于记忆中。只有在催眠状态下讯问患者时,这些记忆才像最近的事件那样鲜明地呈现出来。

随着治疗的进行,埃米逐渐适应了与弗洛伊德的谈话方式,而且在清醒的状态下也能谈出她既往的一些经历。这可以说是自由联想法的萌芽。

弗洛伊德一直在使用催眠,只是他所用的诱导方式不同,他称之为"自由联想"。弗洛伊德治疗室的设置,他那些奇特的、富于异国情调的摆设、墙纸的颜色和样式、他的声望、他本人在治疗中的表现,这些实际上都是一种即刻的暗示。弗洛伊德很清楚,所有的催眠其实都是自我催眠,他只是推进了咨客的这种自我暗示过程,并且没有使用喋喋不休的言词去影响咨客,而那些缺乏经验的治疗师在治疗中总是说个不停。

77. 希特勒的变态心理

弗洛伊德认为,"本我"包含的"力比多"即性欲内驱力,成为人的一切精神活动的能量来源。"本我"总是遵循快乐原则,迫使人们满足它追求快感的种种要求。从整个社会的观点看来,这些要求往往是违背道德习俗的。"超我"总是根据道德原则,将社会习俗所不能容忍的"本我"压抑在无意识领域。简言之,我们可以将"本我"理解为放纵的情欲,"自我"是理智和审慎,"超我"则是道德感、荣誉和良心。

第二次世界大战期间,当欧洲战场上的形势转为对同盟国有利后,美、英、苏三国便商定将在欧洲登陆作战,开辟第二战场。

登陆时间,罗斯福总统下令情报机构在最短的时间内搞出一份有关希特勒性格分析的有说服力的报告。一个月后,一份《希特勒性格特征及其分析报告》放在了总统的办公桌上。

报告指出,希特勒当权后,曾做了多次"鼻美容"手术。他的"理论"是,对于日耳曼人,有一个高挺的鼻子会给人一种真正男子汉的气概。

然而,他对这种手术却非常保密,绝对不让他的臣民们知道,他们的"至高无上的元首"居然会像一名爱漂亮的少女一样钟情于"美容"。当时欧洲人普遍认为,整容是一种"破坏上帝赋予自己容貌"的爱虚荣的行为。于是,他就让医生一点一点地加高鼻子,以便让他的百姓们感觉不到他们"敬爱的元首"竟然会做"整鼻手术"。即

77. 希特勒的变态心理

便是德军在苏德战场上节节败退的时候,他的鼻子加高手术仍未停止。

希特勒50岁之后已经开始戴老花眼镜了。可是,他却禁止任何人拍摄他戴眼镜的照片。

嗜血魔头居然患有"晕血症",有一次,他的情妇爱娃不小心扎破了手,结果希特勒看到之后,竟然吓得哇哇大叫。

他对动物充满了仁爱。有一只孔雀死了他竟然伤心得掉泪。然而他在爱怜动物的同时,却能心安理得地下令把几十万犹太人活活毒死。

希特勒一生没有驾驶过汽车。可是,他的爱好却是在每天深夜,坐上车,要司机以时速超过100公里的速度飞驶。在当时,这是一个不可思议的"疯狂速度",相当危险。后来,他的司机因为过度紧张而精神失常。但在公开场合,他却严格规定他的车速时速不准超过37公里。

他对长桌有特别的兴趣。他召开会议时总是用很长的会议桌,因此德国一些优秀的木匠常常被召去制造长桌。他拥有的一张最长的桌子将近15.25米。

美国的心理分析专家依据这些资料得出希特勒有严重心理问题的结论。

1. 喜爱长桌

长桌上居于主席位置的人能给别人一种威严感,同时又可同其他与会者离得远一些。对长桌的酷爱,显示他对这种形式上表面上的"威望"的渴求;同时又表明他对下属心存疑虑,甚至表明他对任何人都有一种恐惧感。这实际上是一种心理非常脆弱的表现。

2. 高度压抑

对于任何人来说,"午夜飞车"都很可能是为求得心理压抑的解脱。但是,希特勒竟然到了不顾生命危险地"疯奔狂驰"的地步。这不仅有力地证明他在一整天中都处于心理压抑状态,而且说明这种压抑的程度已经相当严重了。

……

此外,以上的种种严重心理缺陷、矛盾、压抑和扭曲也都可以造成或归结为严重的心理障碍。

希特勒的这种怪诞行为的目的,就是为了调节弗洛伊德学说中,本我和超我之间的冲突,从而减轻心灵的痛苦。弗洛伊德说,无论一个人在现实生活环境中的人格形成是如何的矫揉造作,但其时刻受到本我的冲击,两者差距越大,其人格的扭曲也越厉害。为了缓解和消除这种扭曲造成的痛苦,他必然会用某些特殊的行为来减轻这种痛苦。

盟军掌握了这些秘密,就不间断地炮击希特勒经过的道路,使其心理的压抑无处排解,这样就加速了其精神崩溃和人格分裂,导致他一系列决策的失误,从而为盟军取得战争的主动权创造了有利条件。

78. 约翰的可怕念头

> 强迫症是指以强迫症状为主要临床表现的神经症。强迫症状的特点是有意识的自我强迫与自我反强迫同时存在,两者的尖锐冲突使患者产生极度的焦虑,患者知道强迫症状是异常的,但无法控制、无法摆脱。

在心理咨询室里,约翰在医生面前坐好之后,非常苦恼地对咨询师说道:"我叫约翰,今年23岁,近来我发现自己的头脑中总是产生一种古怪的想法。每次走到楼上就想从上面跳下去。

刚开始,我并没有在意,可后来呢?这种想法一直恶化,竟然发展到开车出去,走在桥上以及其他高出地面的建筑物上都有跳下去的冲动。

我有时候站在地面上往上看的时候,一想到如果自己真的从上面跳下来了,生命真的就这样结束了,那时候我真的好怕。

我还很年轻,当然不甘心就此结束生命。正因如此,我才不得不时时强迫自己放弃这种念头,可是,随着时间的推移,这种欲望却越来越强烈,越来越难以控制了。

有一次,我乘公共汽车经过一条繁华大街时,实在控制不住自己,就从车窗跳下去了,后来那一刹那自己在想什么,什么感觉等等竟然全都不记得了。

那件事情没过几天,有个周末,我去郊游,我觉得这样也许会好一些。不过,我特意挑选了那些人比较多的地方,以防发生什么不测。

然而,就在那天中午,我经过一个小湖

78. 约翰的可怕念头

的时候，脑海中却又闪过跳下去的念头，在我还没有来得及控制心神的时候，人已经不听大脑指挥，稀里糊涂地跳了下去。湖中的水并不深，但我依旧慌乱地在水里扑腾，内心充满了对死亡的恐惧。在我的呼救中，很多人都跑了过来，并报了警。他们把我拖上了岸。为了掩饰自己的尴尬，我假装自己喝醉了酒，没想到居然骗了过去。最后，他们给我的工厂打电话，让工厂派车来把我接了回去。

第二天，全工厂都知道出了个疯子，老板则认为我可能是失恋了，想不开才跳湖自杀。其实，只有我自己心里清楚，我的脑子里有根弦搭错了地方，所以才做出这样的丢人事来。

去年年底，我乘汽车回家休假，在倒车时，我看到有一座桥，就下车跑了过去，想跳下去，却发现下面的水流很急，心里害怕跳下去会淹死，正在犹豫的时候，售票员喊要开车了，我就急忙跑了回来，避免了又一场闹剧的发生。但我坐在疾驶的车里，脑子里却一直有着跳下去的念头，不过，那天我坐的是空调车，车窗全都是密封的，要不然我也许真会控制不住自己而跳下去的。

我的这些反常，使得女友跟我分手了，由于注意力不集中，前不久我被公司解雇了。

我小时候也从高处摔下来过，一天和几个小伙伴一起捉迷藏，不知怎么我就从阳台上摔下去了。幸好住二楼，一楼的晾衣绳又拦了我一下，所以摔得并不很重，只是右胳膊骨折，头也摔出了血。母亲见我这副样子，吓得抱住我大哭，父亲也是一副心疼的样子。

他们带我去医院，又给我买了许多好吃的东西，母亲天天陪着我，尽管没什么疼爱的话，但在我几次的恳求下，母亲还给我讲故事。那段时光是多好呀，我感到了母亲宠爱的幸福。

伤好之后，母亲开始劳作了，又很难看到她那慈爱的眼神，很难再享受她无微不至的照顾了。后来渐渐长大了，更不敢奢望能像小时候那样让父母宠爱自己了，心里总是空荡荡的，好像失去了什么。摔伤的事深深留在了记忆中，有时苦闷极了，就想要是能再摔伤一次，再让父母疼爱一回该有多好啊!"

约翰患的是强迫性神经症，简称"强迫症"，这种心理疾病在临床上有很多种类，根据其表现，大体可将强迫症划分为强迫观念及强迫行为两类。

强迫观念表现为反复而持久的观念、思想、印象或冲动念头，力图摆脱，但又为摆脱不了而紧张烦恼、心烦意乱、焦虑不安和出现一些躯体症状。如：强迫性地怀疑是否关好煤气，准备投寄的信是否已写好地址等等；强迫性地回忆已讲过的话，用词、语气是否恰当等；出现强迫意向，如过马路时，想到冲向正在驶过的汽车等等。

强迫动作又称强迫行为。常见的有强迫洗手、洗衣;出门时反复检查门窗是否关好,寄信时反复检查信中的内容,看是否写错了字等等;见到电杆、台阶、汽车、牌照等物品时,不可克制地计数,如不计数,患者就会感到焦虑不安。

强迫症的形成机制比较复杂,通常认为有以下几方面的原因:(1)遗传因素:家系调查发现,父母中有5%到7%的人患有强迫症,患上强迫症的几率远远较普通人群高。(2)心理社会因素:学习和工作紧张,家庭不和睦及夫妻生活不尽如人意等可使患者长期紧张不安,最后诱发强迫症的出现;意外事故、家人死亡及受到重大打击等也可使患者焦虑不安、紧张、恐惧,诱发强迫症的产生。(3)生化:强迫症患者的5-HT能神经系统活动减弱,从而导致强迫症产生,用增多5-HT生化递质的药物可治疗强迫症。

正常的人是否也会出现强迫现象呢?正常的大多数人也曾出现过强迫观念,例如不自主地反复思考某一问题,或念叨某几句话,或唱一两句歌,反复如此,但不影响正常心理活动和行为,所以不能看作强迫症,可以采用心理学的方法加以纠正。

小知识:

阿尔伯特·班杜拉(1925～　)

美国心理学家,对心理学中的两大传统——强化理论和场理论,作了整合,发展了社会学习理论。1980年获美国心理学会颁发的杰出科学贡献奖。

79. 疯狂的赌徒们

> 患病理性赌博障碍的患者,总会感到有一股力量推动自己去赌博,不赌博就会感到身心不舒服。

据报道:一股罕见的赌博风正在美国各军事基地里蔓延,很多士兵赌博上瘾,输成了穷光蛋。

案例1:士兵赌得无钱接妻儿

当克利·贝丝·沃尔什和两个刚刚蹒跚学步的孩子乘坐的飞机在韩国汉城机场降落时,她并没有看到调到这里的自己丈夫的身影。最终他还是乘出租车来到机场迎接他们母子,但已身无分文,对家人的到来毫无准备,他甚至没有钱租车将妻儿送到他的基地,他也没钱租房子,钱包里没有信用卡。

这一切令沃尔什太太大感意外:"他每年收入超过6万美元。但我们总是没钱花。"最后,沃尔什太太终于知道整件事情的来龙去脉了。她的丈夫亚伦·沃尔什,因经常在驻韩美军基地的老虎机上赌博,结果2万美元都打了水漂。就这样,到了9月份的时候,亚伦·沃尔什的婚姻和事业全都亮起了红灯。为了避免因赌博上瘾受到军事法庭的指控,33岁的沃尔什被迫主动提出退役。

最后,他和妻子在网上看到加利福尼亚州的彭德莱顿兵营可以治疗赌瘾,于是他到那里接受治疗。他还表示:"在韩国的士兵没有谁听说过那里可以治疗。"

同90%的有了赌瘾的人一样,沃尔什接受首次治疗后复发,他驾车从医院去了拉斯维加斯,逾假不归,在被拘捕并送回韩国前又赌掉了18 000美元。当时,他

173

的妻子已经回到她在缅因州的家,准备离婚。

于是,沃尔什又赶快飞回老家,可是,没过多长时间,他又背着妻子偷偷去了拉斯维加斯。他在接受采访时表示,他现在又输了 10 700 美元,这是他最后的积蓄。他说:"过去的 9 天,我都睡在大街上,我不知道将来怎么办。"

案例 2:

瑞典《快报》曾经报道,说瑞典的世界乒坛常青树瓦尔德内尔,在接受记者采访时承认,自己是一个间歇性赌徒,他不仅把自己靠打乒乓球挣来的钱差不多都输光了,而且还借债赌钱。

现已将近四十岁的"老瓦"说,自己在 10 多年前就已经发现自己赌博上了瘾,但总是无法克制,并还越陷越深,赌瘾越来越大。他戒赌过一段时间,但后来却忍不住,又开始赌起来。半年前,他不得不开始接受瑞典的一名很有经验的治疗学家的治疗。

瓦尔德内尔主要赌的是瑞典开设的各种体育彩票。此外,他 1990 年代在德国乒乓球俱乐部打球时还经常到赌场去赌。据他自己估算,他已至少赌输掉了 500 万瑞典克朗(1 克朗约合 1 元人民币)。最厉害时,他一天要输掉两三万克朗。

现代的医学研究表明,赌瘾的形成,不仅和心理有很大关系,而且,也带着大脑生理上的改变。因此,赌瘾是仅次于毒瘾的心理疾病。

沉溺赌博不能自拔,已经成为了一种病态行为,用心理学家的话来说,这是一种"病理性赌博",或"强迫性赌博"。其本人总感到有一股力量推动自己去赌博,不赌博就会感到身心不舒服。正因为如此,心理学家也把赌瘾列入"心瘾病人"的行列,表明它需要接受专业心理治疗。

德国的克里斯蒂安·布彻尔医生认为,那些对赌博呈病态爱好的人,大脑中使人感到愉快的化学物质不能保持在正常水平,他们一生都需要不断地寻求赌博的刺激,来达到自身的满足感。这与吸食毒品成瘾是相同的。

概率学已经揭示赌博之人,无论曾经战绩如何辉煌,最后多半会输。许多赌徒抱着"捞回老本"的希望,输得一败涂地,弄得家破人亡。尽管有这么多前车之鉴,还是有很多人陷入赌博的泥潭,欲罢不能。病态心理学家和精神病学家经过长期研究,找到了勾引大部分赌徒屡赌屡输、屡输屡赌、越赌越大的原因。

好赌的根源在大脑。赌博能够刺激人的大脑产生一种名为多巴胺的神经介质。多巴胺会带给人欣快的感受,很多人都会多次重复那种与欣快感觉相联系的

79. 疯狂的赌徒们

行为。赌博恰恰触到了大脑中释放多巴胺的那根"筋"。为了寻找赌博和神经介质释放之间关系的直接证据，瑞士科学家用猴子实验来模拟人类赌博行为。

实验前，科学家给猴子大脑装上电极。这些电极可以随时记录猴子大脑内特定神经细胞放电的情况。哪些神经细胞放电就说明这些细胞正在释放神经介质。在这项实验中，如果释放多巴胺的神经细胞放电猛增，就说明猴子已经找到了感觉。实验时，猴子面前设置的计算机屏幕上可以显出五种不同的图案。每当某种特定图案出现时，猴子就有机会得到奖励——一口果汁。

记录发现，如果一种图案让猴子根本猜不出下一步的图案是什么以及能否得到果汁奖励时，它们分泌多巴胺的神经细胞放电活动最频繁，猴子也因此目不转睛地盯着计算机屏幕。相反，如果某一特定图案表示下面肯定有奖或肯定无奖时，它们的神经细胞就不会产生太强的兴奋。说明期待和猜测渴望得到的结果最能激发神经细胞兴奋，使多巴胺释放。

这项研究提示人们，赌徒之所以不断回头，主要缘于对下注之后、结果未卜的刺激追求。赌博具有难以自制的成瘾性，使人为了一时的快乐丧失理智，甚至不惜以倾家荡产为代价。

小知识：

病理性赌博的三个特点：

（1）参赌心切，输了想扳回老本，赢了想再捞一把。否则就六神无主、如坐针毡，整天考虑赌或是盘算如何捞钱来赌博。（2）高频率、长时间参赌。只要增加赌博时间，就会感到满足和兴奋。（3）常常不顾实际情况和后果来增加赌注，赌资越大，感觉越好。

洛兰兹（1903～1989）

奥地利动物学家、习性学创始人之一，开始了在自然条件下观察动物行为的方法，对鸟类行为的研究做出了独特贡献，并提出了动物本能行为的固定行为模式和动物学习的"印记"等概念。1966年当选为美国国家科学院院士，1973年与弗里希、廷伯根共同获得诺贝尔生理学奖。

80. 绵羊的心理阴影

> 脱敏疗法是通过诱导求治者缓慢地暴露于导致焦虑的情境中,以放松的心理状态来对抗这种焦虑情绪,最终达到消除这种过敏的情绪反应的目的。

康奈尔大学的心理学家霍德华·利德尔本来是一位看上去心慈面善的小老头,但是,他却做了一件在普通人看来非常疯狂的试验。

他在一只绵羊身上不断进行电击,直到它们表现出一系列的精神病或某些与人类精神病相类似的症状。

在郊外的一座农场,利德尔利用农场主的羊圈做试验,他和助手经常将一只绵羊关在羊圈里,将一根电线绑到羊腿上,而后打开羊圈的电灯,紧接着即送一股电流,使羊遭到电击。一开始,只有电击时它才会蹦跳几下,并没有把电击和灯光联系起来。直到十几次电击之后,它才明白电灯开关的意义,这会儿只要一开电灯,它就会开始乱窜乱跳,试图躲避电击,但总是徒劳无功。

就这样,经过大约1 000次电击之后,这只羊只要一见到羊圈,就会拼命后退和挣扎,不愿走进羊圈。电灯一打开,它便两眼发直,浑身颤抖,口吐白沫,喘着粗气。这时候,即便是再把它带回到草地上的羊群里,它也会行为异常,不愿合群,因为它已像人一样患上了忧郁性精神病。

接下来,利德尔进行的试验是打算将这一过程给扭转过来。他将这只精神创伤十分严重的绵羊仍旧腿上绑着电线关进羊圈,接着打开电灯,但不给它电击。刚开始,即便是没有电击,它仍然出现前面所说的精神状况,直到经过无数次没有电击的灯光照射后,它终于忘记了灯光信号的恐怖意义。最后,它彻底地去除了条件反射。

这时候,约翰内斯堡一位名叫约瑟夫·沃尔普的人也在进行着一项试验,只不过,他试验的物件是猫。他把一些猫关在实验室的笼子里,给它们喂食时电击它们,使它们产生恐惧型精神病。经过一段时间的电击,这些猫即使饿得两眼昏花,

80. 绵羊的心理阴影

也不愿意在笼子里进食。

后来，为了消除猫的条件反射，沃尔普让它们换一个房间进食。新的环境减轻了猫的焦虑感，它们很快学会在这间房子的笼子里进食。接着，沃尔普再将猫放进与实验室极为相似的房间，让它们在那里的笼子里进食。之后，猫也逐渐摆脱了这种心理阴影。

沃尔普称这个方法为"反向抑制"、"脱敏"。很快，沃尔普就尝试将这种方法应用于精神病人的治疗。由于进食在人类身上不会形成足够强烈的反应，且不可能在实验室里运用，于是，他开始寻找一种可比性较高、能够用于病人的特殊方法。

20世纪50年代早期，他将自己的研究成功公布于世并开始介绍自己的诊疗技巧。受沃尔普的启发，其他治疗师也开始进行脱敏和其他形式的行为治疗。到70年代，它已经成为主导性的治疗方法。

> **小知识：**
>
> **沃尔普(1915～1997)**
>
> 美籍南非行为治疗心理学家。他的实验研究表明，动物神经性症状的产生和治疗都是习得的。因此，他认为治疗人类神经症的方法也可由此发展而来，于是提出了交互抑制理论以减少神经症行为，并从该范式出发，发展了系统脱敏技术。

81. 小女孩的恋父情结

> 弗洛伊德认为在性心理的发展过程中,孩子的性要求要在亲近的异性父母那里得到满足,女儿对父亲发生爱恋叫做"恋父情结"。

苏珊娜坐在心理咨询室里,喃喃地对医生说道:"几个月前,……我喜欢上了我的老师,尽管他比我大20岁……他是单身,课讲得好,人也长得帅,我经常向他请教。那段时间我感到很快乐,这是我从来没有过的感觉。可当我向他表白时,他委婉地拒绝了我,我真的很难过。"

"然后你做了些什么?"医生问。

"我知道我们不合适,不会再找他了……"

然后,医生又挑了一些觉得苏珊娜感兴趣的话题,聊了起来。他发现苏珊娜是一个聪明、好学、上进的女孩,于是,医生直接表达了自己的感受,小姑娘再次沉默了。

医生坐在那里,也不打扰她的思绪,最后,苏珊娜终于轻轻地问:"是我说错了吗?"女孩小声答,"我有四年没有听到别人这样评价我了。"

"那时你15岁吧?"

女孩用更小的声音回答:"我爸爸去世了。"她哽咽的声音由小变大,嘤嘤地哭了起来。

看来这个女孩把对父亲的思念压抑太久,应该鼓励她宣泄出来。女孩觉察到自己的失态,极力控制情绪小声地说:"不好意思。"医生说:"谁遇到这样的事都会很难过的,哭出来吧,会好受些。"

她说:"不哭了,妈妈看到又要担心。父亲去世前,我是个人见人爱的女孩,父

81. 小女孩的恋父情结

母以我而自豪。父亲去世,我和妈妈受了沉重的打击,从此我不能专心听讲,成绩直线下降,没考上大学。一年前,我努力调整自己。我知道,只有我高兴了,妈妈才能快乐。这一年,我和妈妈都改变了许多。我们的生活逐渐走入正轨。"

"你真是个懂事的好孩子!我为妈妈有你这样的女儿高兴,更为你的自我调整能力自豪!我想爸爸看到你现在的样子也会感到欣慰的。"医生说道。

"谢谢,可爸爸对我的影响太大了,我忘不了他,我是个没有爸爸的孩子,我无法交男朋友了。"

医生的心一紧,这可能是女孩的症结所在。

女孩缓缓地说:"我发现我喜欢的老师有许多地方像爸爸,我所憧憬的白马王子也有像爸爸的地方,这怎么办?你说,我是不是有恋父情结?我该怎么办啊?"

心理学家弗洛伊德发现,儿童的心理发展过程中普遍存在恋父情结和恋母情结。三岁左右,孩子开始从与母亲的一体关系中分裂开来,把较大的一部分情感指向父亲。有所不同的是,男孩更爱母亲,而排斥和嫉恨父亲,女孩除爱母亲之外,还把爱转向父亲,甚至要和母亲竞争父亲的情感,因此,对母亲的爱又加入了恨的成分。恋父情结又叫"厄勒克特拉情结",来自古希腊悲剧,剧中主人公厄勒克特拉诱使其弟弟杀死了母亲以为父报仇,恋母情结又称为"俄狄浦斯情结",也源自古希腊神话,故事中主人公俄狄浦斯杀父娶母。

父亲在儿童早期心理发展中起着独特的作用,他既是拆散母婴结合体的建设性分裂者,又鼓励和支持儿童的独立和自由,有利于个性的发展。他是儿子学习男子汉气质的榜样,也是女儿形成女性气质的引导者、支持者和认可者,对儿童性别角色的分化具有很大作用。但是,如果未能很好地解决孩子的恋父和恋母情结,没有很好地度过这一阶段,将会给后来的生活带来很多的麻烦,成为某些心理疾病的症结。

如何避免"恋父情结"的出现:

1. 性的教育。其中有两个方面:一是性的社会角色教育,让孩子明白"男女有别",教育孩子从依恋父亲中解脱出来;二是帮助孩子走向同龄同性伙伴,结交同性朋友,为将来青春期结交异性朋友做好垫铺。

2. 行为配合。孩子的"恋父情结",源于其婴幼儿期父爱的过溢与母爱的不足,因此,矫枉时必须过正:一方面,作为父亲,应坚定而巧妙地暂时疏远女儿;另一方面,作为母亲,则应急起直追,行为上亲近女儿,满足女儿的爱欲依附。

82. 甘受皮肉之苦的女子

> 性施虐癖是指在性交前或同时，向性对象施加肉体上或精神上的痛苦，以获得性快感和引起性冲动；性受虐癖则是指在性交前或同时要求性对象对自己施加肉体上或精神上的痛苦，以获得性快感和引起性冲动。

美国的一个小镇上，外嫁女贝蒂身上累累的伤痕无意中给母亲林达发现了，妈妈为此心痛不已。起初她还以为是小两口打架的"后遗症"，还准备向女婿兴师问罪呢。谁知经过再三追问，事情的真相竟令她惊得目瞪口呆，原来那些暴力行为是她女儿在过夫妻生活时所乐于接受的，并认为只有这样做才"够刺激"、"够味道"。

于是，母亲便怀疑女儿有性心理方面的障碍，于是陪伴她来找心理医生。经过耐心的交谈，医生竟意外地发现其原因在她的丈夫马克身上。

马克是位计算机工程师，原在纽约工作，尽管他个性内向孤僻，但技术在当地堪称一流，三年前来到这个小镇，开了一家自己计算机公司。马克凭着自己的工作条件和技术优势，在闲暇时更是在网上纵情遨游，尤其热衷于"拳头加枕头、热血伴温柔"的场面，以致越看越上瘾，最终成了一条不折不扣的"网虫"！

在业务蒸蒸日上的同时，马克的感情生活却是相当阻滞，女朋友谈一个"崩"一个，继同居的女友与其分手后，结婚不足半年的妻子也坚决与他离婚了。外人对此一直大惑不解，直到今天贝蒂才道出事情的始末：原来马克在性生活时有对性对象施以五花大绑、恣意抽打的怪癖，而且越激烈越过瘾，从而使得很多女孩根本就无法忍受。

但直到他认识了贝蒂之后，"互补"的需要才使婚姻稳定下来。

像马克与贝蒂这两种情况，在医学心理学上是分别称为性施虐癖与性受虐癖的，两者合称为"性虐待症"。

心理学家认为，性受虐癖的女患者是企图透过这种象征"惩罚"的行为方式，以克服或抵消本人在性方面的罪恶感情。

82. 甘受皮肉之苦的女子

尽管性施虐癖的病因还不大清楚,但在马克身上,我们仍可以看到两点助长性施虐倾向的不良因素。

其一是他的性格。专家认为"典型的性施虐癖患者常常是怕羞的,被动的,是对妇女有极端偏见的人和痛恨妇女的人"。

据贝蒂反映,马克经常上"黄页"。专家们早已指出,暴露于淫秽物品下的观众,除产生原发性损害外,还可产生继发性的损害。有关研究也表明,应用淫秽物品时间越长,性变态持续时间也越长,淫秽物品应用还促进重复性犯罪。由此可见,及时纠正不良性格倾向,自觉抵制"黄色"传媒的不良影响,对于促进心理健康发展是有着深远意义的。

小知识：

安德武德(1915～994)

美国心理学家,在语言的获得和保持、人类学习和记忆方面的实验和理论研究十分著名。1970年当选为美国国家科学院院士,1973年获美国心理学会颁发的杰出科学贡献奖。

83. 希贝拉女士的苦恼

> 心理疏导疗法是在诊疗过程中产生良性影响,对患者阻塞的病理心理进行疏通引导,使之畅通无阻,从而达到治疗和预防疾病,促进身心健康的目的。

31岁的希贝拉大学毕业之后,来到纽约某外贸公司做行政主管。希贝拉出生在纽约,1岁时,因父母工作忙无法照看而将其送到乡下农场外祖母处抚养,3岁时弟弟出生,7岁上小学时回到父母身边,感到与父母的关系总是有些隔膜,无法真正亲近,父母总是偏向弟弟,无论自己怎样表现都不行。她在中学时期聪颖好学,成绩优异。19岁上大二时,她曾因人际关系的困扰感到焦虑、抑郁休学一年,大学毕业来到一家条件很好的外贸公司工作,24岁结婚,两年后离异。

希贝拉聪颖好学,业务纯熟,工作一丝不苟,兢兢业业能吃苦;同时要求他人也很严格,总想把事情办得更好,把人际关系处理好,而且,她还非常在意别人对自己的评价,可是事以愿违,总得不到满意的回报,似乎整个世界都对自己不公平。特别是离异之后,有一次对下属提出批评后,听到这样的背后议论:连自己的老公都处不好,这样的变态女人谁受得了呀。为此她陷入了极度的沮丧之中,从内心感到不愿意见到任何人,不愿意做任何事,经常埋怨自己这样无能。不知为什么,一遇到开会汇报情况、接待来客,指导、批评下属时就紧张、焦虑,还会出现憋不住小便马上往厕所跑的毛病。

最后,希贝拉实在无法忍受这种折磨,就来到心理咨询中心求助。她对心理医生说:"我时常为自己同他人的关系处不好,对完成工作任务缺乏自信心而感到焦虑、沮丧。"其实,她自己对咨询也抱着一种矛盾的心态,一方面,她担心咨询师会像她的同事、朋友一样认为她心理变态;另外,她又希望咨询师能够帮助她,解决她的困难,从困境中把她拖出来;但是同时又怀疑咨询师能否将困扰她近20年的问题解决。

83. 希贝拉女士的苦恼

　　三个月后,希贝拉在心理医生的疏导下,完全走出了心理阴影,恢复了往日的自信。

　　心理专家说,对于希贝拉女士这种积滞阻塞的负性心理状态,如果采取心理疏导疗法将会取得很好的效果,疏积通滞是引导的前提和基础,引导是疏通的目标,也是疏通的发展与继续。通过疏导,有序地将多年的心理症结、内心深处的隐情等充分表达出来,帮助其分析整合,自我认知。可以使求助者在逐步认知的过程中提高自信、自我领悟、自我转变的能力。

　　所谓"疏通",是指医患之间能够得到充分的思想交流,通过信息收集与信息回馈,有序地把病人心理阻塞症结、心灵深处的隐情等充分表达出来。"引导"即在系统获取信息的基础上,抓住主线,循循善诱,改造病人的认知结构,把各种不正确的认识及病理心理引向科学、健康的轨道,这也是病理心理到生理心理的转化过程。

　　心理疏导系统的治疗模式:不知→知→认识→实践→效果→再认识→再实践→效果巩固。这种治疗是一个循环往复逐步深入的认知过程,所以它的效果不仅仅是求得症状的消失,而且是以长期巩固的效果为最终目标。

小知识:

在医患的信息转换过程中,应注意以下几个环节:

1. 注意信息的丢失和失真问题,以避免给治疗带来阻碍。
2. 要注意综合性运用信息传输,以求达到"事半功倍"的效果。
3. 要注意疏导过程的调控。

调控原则:掌握心理治疗平衡。调控手段:主要靠信息反馈回路。

84. 沉默中的男孩

> 精神分裂症是以基本个性改变,思维、情感、行为的分裂,精神活动与环境的不协调为主要特征的一类最常见的精神病。

爱尔兰是位帅气的英国男孩,今年23岁,曾在军队服役,因生活逐渐疏懒,不遵守纪律被认为有心理疾病而住院。爱尔兰自幼胆怯,沉默少言,不合群。据称他以往学习成绩一直名列前茅,高中毕业后在当地工厂做工,入厂第一年表现非常好,因而受到上司的赏识,第二年则表现一般,不久入伍。

入伍当天即发现其注意涣散,出操时心不在焉,学一个动作,别人一学就会,他要学几遍才行。早晨很喜欢赖床,出操常姗姗来迟,面对批评也若无其事。平时他很少和战友接触,总是孤单一人,往来踱步,大家议论他是个"怪人"。

半年后,爱尔兰变得更加懒散,入晚即睡,对任何文娱活动都不感兴趣,家人每次给他写信他也懒得看,而且从来都不回信。理发、沐浴、更衣等均需战友一再催促,洗衣服也仅往水中一浸了事。站岗时席地而坐,闭目养神。一次,外出巡逻,经过商店,他擅自取零食,吃一口放下,说了句"这么难吃"就走了。他非常喜欢照镜子,认为自己"鼻子变高,眼睛变大",要求家人带他做整形手术,经常独自发笑。

无独有偶,有位伤心的母亲找到心理医生,哭着诉说了她15岁的儿子迈克尔最近几年来突然变得很古怪,常常一个人在房间里呆坐,不言不语,学习成绩急剧下降,整天懒懒散散。近来还经常平白无故地扭打邻居的孩子,砸烂家中的用具。不管如何打骂他,都无法改正他的行为,令家人伤透脑筋。这位伤心的母亲想求助

84. 沉默中的男孩

于心理医生,帮助矫正儿子的异常行为。

经过心理医生对他们日常的行为表现的了解,以及直接接触、观察了这两个人后,诊断他们这么做并不是出于故意,因为他们患有单纯型精神分裂症的精神疾病。单纯型精神分裂症大多发病于少年时期,所以又称为儿童精神分裂症。起病较缓慢、发病诱因不明显,最初不易被人发现,但是,一旦被怀疑有病时,病情往往已发展到比较严重的阶段。就像案例中的迈克尔一样,家人在他出现呆坐、不言不语、懒散、情绪波动大等变化时都未引起注意,直到出现打人、砸东西等过激行为时才意识到问题的严重性。

病情的发展,使情感、言语、思维、行为等方面的障碍更加严重,对外界环境毫无兴趣,既不悲伤也不高兴,动作刻板、单调、重复,有时无目的的兴奋、突然打人、毁物,有时又表现为呆坐,言语日渐减少、沉默,有时又爆发式地说一些不完整的、单调的语句,指手画脚、动作离奇古怪。但这种类型的精神分裂症一般很少出现幻觉、妄想和紧张症状,自知力没有丧失。因此,属于轻型的精神分裂症。

85. 同性恋男孩的苦恼

> 同性恋是指以同性者作为满足性欲对象的一种性行为,传统的观点认为属于性变态。在 1980 年以后,把同性恋列为性定向障碍,按其标准大多数同性恋并不属于精神障碍的范畴。

约翰是一个大学生,也是一个同性恋者。父母一起经商,家中经济条件不错,一直以来,约翰在物质上需要什么东西,父母都毫不犹豫地满足他。大学期间父母每月给约翰的零用钱也有两三千美元,这也为约翰提供经济基础。

按常理,约翰作为家中的唯一男孩,应该得到父母的百般宠爱,然而,父亲自小对约翰管教极严,哪怕只是小男孩常有的调皮行为,轻则招来一顿臭骂,更多的是遭受父亲的痛打。而姐姐或妹妹闯了祸,最多也是骂几句就了事。约翰母亲对约翰的态度却截然不同,她很疼爱约翰,从来不会打骂约翰,在她面前约翰感到被爱。父母对约翰态度的反差,一方面使约翰在内心很希望被重视、被关爱,但不愿意主动去关爱别人,另一方面让约翰感到在父亲面前,只有姐姐或妹妹才有资格得到关爱。

开始上高中时,约翰明显感觉只喜欢与同性伙伴交往,直到约翰大学毕业的前一年,约翰在网上结识了一位叫杰斯特的男性,也在读书。在网上聊了两个星期后,他决定坐飞机来与约翰见面。两人一见钟情,相见恨晚,交往后不久就有性行为。但在与杰斯特交往的过程中,约翰隐隐感到他对自己有所隐瞒,有时他接电话时会有意识地避开。

有一天,杰斯特坐车来看约翰,约在酒店见面。约翰无意中看到他手机上的留言,发现他另外交有男朋友,留言上显示出他们的关系也很亲密。这时,约翰家里人也发现了他们之间的关系,极力反对,并施加压力,如果约翰不断绝与杰斯特的来往,他们将断绝约翰的经济来源。约翰母亲、姐姐、妹妹轮番劝约翰离开杰斯特,过正常人的生活。约翰要求杰斯特能放弃他那个男朋友,和他回家跟约翰父母表明他们之间的关系。没想到这时杰斯特那个男朋友打电话来,约翰叫杰斯特不要接他的电话,最终,杰斯特还是走了出去接听电话。半小时后,杰斯特回来说要回去了。

约翰很伤心、很失望,咬牙切齿地说:"你这次走了以后,我们以后再没有任何的关系。"杰斯特还是走了,同时也带走了约翰的一切,约翰每天都在极其痛苦、期盼中煎熬,终于有一天约翰承受不了痛苦,服食大量安眠药自杀,幸被家人及时发现送医院抢救过来。醒来时约翰看到家人对自己关爱的眼神,一个个为自己而累得疲惫不堪,他百感交集,内疚不已。

这是一个比较典型的同性恋例子。当事人的同性恋取向主要与他家庭有关:父亲从小就给他留下了凶狠、粗暴、不讲理的形象,使他憎恨父亲,另外,父亲对他姐姐和妹妹所采取的截然不同的态度,使他有只有女孩子才会得到父亲关爱的错觉。而母亲对他则是很溺爱,只要他想要的东西,母亲从不过问有何用处就买给他,他要做什么事情,母亲一概支持,尽量满足。在母亲身上,他体验到被关爱、被宠爱、能随心所欲的感觉。父母亲在他心中形象的反差以及他从他们身上得到的体验,造成了他认为"父亲在家中形象都是这样畸形的,母亲是善、爱的化身",使得他对性别认同社会化过程发生障碍,产生性对象倒错。

> **小知识:**
> **鲁利亚(1902～1977)**
> 　　前苏联心理学家,神经心理学的创始人。他的杰出贡献是关于心理活动的脑机制的研究,提出了脑的动态机能定位理论。曾担任国际心理科学联盟副主席。

86. 玛利亚遇邪

> 歇斯底里是在心理方面受到强烈冲击的时候,使身体方面也产生异常现象,所以这是由心理的压力转换成生理方面的病症。

玛利亚和杰克是一个班上的同学,本来关系不错,可最近这段时间,两人像成了仇人似的。有一次,在体育课上,两个人又为应该是打篮球还是踢足球而争执起来。杰克就用刻薄的语言讽刺玛利亚。开始时,玛利亚也讥讽杰克,可最后,俩人越吵越厉害。油嘴滑舌的杰克压倒了玛利亚。一气之下,玛利亚突然说不出话了。玛利亚害怕极了,她撕扯着领扣,用手揪着颈前的皮肤,然而,越着急就越出不来声音。她傻了,急得又跳脚又抓头发,眼泪刷刷地就流了出来。

杰克最初觉得自己压倒了对方,出了口恶气。当他看玛利亚的样子,再听围观的同学议论着说,是他把玛利亚气成哑巴了。于是,他也开始害怕起来,要知道,这个责任落在自己头上,自己要面对的,就不仅仅是被学校除名那么简单了。

汤姆是这个班的老师,他虽然已经四十多岁了,但这样的情况他还是第一次见到。他见玛利亚果真不能讲话,心里也没有了底。不过,他的生活经验毕竟比这些学生要丰富很多,所以,他一边劝慰玛利亚不要害怕,一边同学校联系,让学校派车把玛利亚送到医院。然而,到了医院,医生经过检查之后,建议他们赶快去精神病院,于是,他们又赶快转到了精神病院。

老师和一些同学簇拥着玛利亚来到诊室。医生看了一眼玛利亚的状态,就非常友好地给玛利亚做了一些详细的检查。然后,他对汤姆和同学们说:"先请你们

86. 玛利亚遇邪

到外面等一等吧,玛利亚的病我们会治好的。"

诊室内只留下医生和一位护士。过了大约10分钟的时间,玛利亚竟然能够讲话了。当汤姆进诊室时,玛利亚高喊一声"老师……"便流下了眼泪。医生也安慰着玛利亚:"你别害怕,再吃一些药就完全好了。"

癔病是神经官能症中常见的一种,又叫歇斯底里,也就是在民间称为遇邪的病,其实就是癔病。

它是在精神因素作用下发病的,特别是在疲劳、月经期、健康状态不良等情况下易发此病。还有在自尊心受到伤害、人格受到污辱、家庭不和、婚姻不称心以及同志间发生纠纷等引起的强烈情感反应时,某些人也会发病,这都是明显的精神因素的作用。

不过,这些都是首次发病的情况,而在第一次发病之后如果再次发作时,就不一定具有明显的精神因素了,可以遇到与第一次发病因素内容相关的原因或是由此及彼回忆起第一次发病时的体验,都可以引起病的发作。

癔病的发病除精神因素外,性格也是一个重要原因。心理学把这种性格称为癔病性格。癔病性格的特点是情感的强烈和多变性,这种病人的情感活跃,但肤浅幼稚,易受环境影响,从一个极端转向另一个极端。他们判断是非的标准是从感情出发。这种人很容易接受周围人的言语、行为、态度的影响。

87. 卡那的怪病

> 神经官能症简称神经症,是一种很常见的轻度大脑功能障碍的总称,多见于脑力劳动者。它包括神经衰弱、癔病、强迫症及焦虑症。

卡那近来不知得了什么怪病,每次发作起来,都是气喘吁吁,总是感觉脖子两边冒出两个大气泡,而且,这两个大气泡还不断地往外膨胀着,使得她喘不过气来,几乎到达窒息的地步。然后,她会非常难受地高声喊叫、手脚抽搐着,这种情况几乎每天都要经历二十多次,而每次都要持续3分钟左右。因此,她的身体无法承受如此负荷,苦不堪言。

无奈之下,卡那只好到医院求医,希望能够早日摆脱病痛。然而,在近一个月的奔波中,她几乎失去了信心。因为,她跑遍了马萨诸塞州的所有医院,无论是有名气的或没名气的。看了数不清的医生,检查也一项不漏地做了,可就是没发现与症状相关的器质病变。

在这段时间里,卡那也吃了很多药,然而症状却没有得到哪怕是一丁点的改变。最后,在她即将绝望的时候,有人建议她去找心理医生看看,也许就能有所转机。

到了这种地步,卡那也只好豁出去了。她抱着试试看的心理来到一家非常有名的心理咨询室里,向心理医生倾诉了自己的症状,以及自己所受到的折磨,并声称,如果这里再治疗不好的话,她真的就绝望了,要知道,这种生活她早就受够了。

最后,在心理医生的安慰下,她也抚平了自己的情绪。

针对她的特殊症状,心理医生们进行了一次又一次的会诊,分析了导致卡那一

87. 卡那的轻病

系列症状的原因,并采取相应的心理疏导,连带着结合做生物回馈治疗,让她感觉到仪器在操纵大脑神经与内脏各器官,皮肤韧带配合感觉、运动系统功能的协调,同时进行精神放松疗法,给予少量的药物辅助。

经过两个多月的精心调理,卡那感到原先的症状逐渐消失了,精神上非常轻松,也就心情愉快地开始工作了。

上述病例其实就是常见的一种神经官能症,属癔病的范畴。此症多发生于青壮年时期,女性多于男性,这类病人都是在精神因素作用下发病的。一般多由急性精神"创伤"性刺激引发的,如气愤、委屈、恐惧、忧虑或其他种种内心痛苦,都可导致发病。病人也可以在亲人死亡或其他不幸意外遭遇引起的强烈情感反应下直接发病。

神经官能症简称神经症,是一种很常见的轻度大脑功能障碍的总称,多见于脑力劳动者。它包括神经衰弱、癔病、强迫症及焦虑症。神经官能症虽然难治,但也有克制的办法,其中最有效的就是森田疗法。

小知识:

普洛闵(1948~)

英国伦敦行为遗传学研究所教授,世界上最著名的行为遗传学家之一。他把对基因、环境的研究和对行为、气质的发展的研究结合起来,考察了遗传和环境在一个人的发展过程中所起的不同作用。

88. 天才儿童的自闭症

> 儿童自闭症,是一种起始于婴幼儿时期的严重的全面发展障碍。主要行为特征包括:社会交往障碍、言语障碍、刻板行为、感知异常、发展不平衡等。

在美国,对自闭症的脑功能研究是一项热门课题。曾经有这样一篇优秀的自闭症科普文章,摘放在这里和大家一起分享。

"汤姆在8岁的时候,就成为了一个人见人爱的小伙子了,他和家人一起住在美国加利福尼亚州。他从小就显得聪明出众,特别是在数学、自然科学等方面,经常受老师和同学的称赞。与此同时,他还是个痴迷于变形玩具的高手,他的手指非常灵巧,如果自己身上没带玩具,而自己又想玩的时候,他就会把自己当成玩具。好比,他可以把自己的手指,一会儿变成火车,一会又变成了机器人。而且,还经常在大庭广众之下,为大家表演滑稽好玩的哑剧,这时候,总是会获得人们的掌声和称赞。

即便这样,汤姆的妈妈却怎么也高兴不起来。因为前些日子,汤姆的老师和他们进行了一次深谈。说发现汤姆很少直接看着别人的眼睛,即便是直视了,也会立刻躲开。

汤姆的妈妈这下开始担忧起来了,为了验证老师的话,妈妈让汤姆在讲话时直接看着别人的眼睛,然而,这个要求被汤姆果断地拒绝了。

妈妈开始回忆起汤姆3岁时的情景,虽然,当时他说话口若悬河,但是却抓不

88. 天才儿童的自闭症

住语法要领,直到4岁才学会阅读,却仍然领会不了句子的大意。

直到现在,汤姆的父母才恍然大悟,他们看似聪明的儿子其实还有着非常严重的心理问题。

最后,他们不得不找心理学家咨询,而心理学家告诉他们:汤姆患有轻微的儿童自闭症,也就是阿斯伯格综合症。这个消息对这对夫妇来说,无疑是晴天霹雳。

因为就在两年前,汤姆的哥哥就被查出患有深度自闭症,他们出生时看起来一切都正常,随后就陷入了自闭空间,他们会把新买的玩具捣烂弄坏,从来都不敢和陌生人说话,不时地发出胆怯的呜呜声。先是汤姆的哥哥,现在又是汤姆,巴利特夫妇开始怀疑他们的孩子是否沾染了有毒物质。他们列出了一大串的名单,想查出自闭症的阴影从什么时候开始笼罩他们的家族。"

其实,为自闭症而痛苦的家庭,并不仅仅是汤姆一家,在美国,每150个儿童中就有1个自闭症患者,若加上成人,自闭症患者就有上百万。

儿童自闭症又称儿童孤独症,是一种严重的婴幼儿发育障碍,以社会相互作用、语言动作和行为交往三方面的异常为特征。主要表现为不与别人交往和建立正常的社会关系,患病儿童沉浸在自己的世界里,无法用语言、表情、动作跟别人甚至自己的父母进行沟通、交流,且学习正常人的语言会很困难,与人交流及与外界沟通也很困难,并可能重复几种动作(拍手、摇摆)。当日常生活中出现变化,他们会强烈抵制。

孤独症对行为的影响,除了语言和社交困难外,还会在父母、亲友面前表现得极为亢奋或沮丧。这种疾病通常发生于3岁之前,一般在3岁以前就会表现出来,一直延续到终身,是一种严重情绪错乱的疾病。孤独症无种族、社会、宗教之分,与家庭收入、生活方式、教育程度无关。

据欧美各国统计,约每1万名儿童中有2至13例。目前,估计在我国约有50万孤独症患儿。心理学家已从遗传因素、神经生物学因素、社会心理因素方面做了大量研究,至今为止,尚不知道儿童孤独症的病因和发病机制,但是可以确定的是,儿童孤独症受到遗传因素、神经生物学因素和社会心理因素三方面的影响。

小知识:

斯坦利·霍尔(1844~1924)

美国心理学家,美国心理学会的创立者,美国发展心理学的创始人,教育心理学的先驱。受达尔文进化论的影响,他认为儿童心理的发展反映着人类发展的历史。1915年当选为美国国家科学院院士,1924年当选为美国心理学会主席。

89. 恐吓父母的男孩

> 反社会型人格障碍，此类人都情绪不稳定，时常为一时冲动所支配，干违法乱纪的事。他们总是以自我为中心，为了达到个人目的，而不顾他人的痛苦，再由于他们缺乏判断是非和预见后果的能力，而不能从所犯错误中吸取教训，因此，这种人往往是屡教不改的人。

鲍勃是由父母带着来咨询室咨询的。在咨询室里，鲍勃的妈妈说道："鲍勃本来是个很惹人喜爱的孩子，在家排行老二，哥哥比他大二岁。鲍勃平时性格虽较倔强，但成绩一向不错。因此，在父母也挺满意的。

"前段时间，他哥生病住院，我和他父亲的心思便大多放在他哥哥身上。一天，我和他爸爸都去了医院，他放学回家见家里没有煮饭，就大发脾气，把碗摔了，冰箱里的东西被他搞得乌七八糟。我们回来后批评他，他却置之不理，还说我们不喜欢他，当初就不该把他生下来。唉！看这孩子怎么净瞎说呢？自己的孩子怎么不喜欢呢？只是他哥哥病了，他爸爸又病倒在床，我真的非常忙碌，白天还要上班，自然心情烦躁。他却对家里人漠不关心，还经常故意给家里添麻烦，我多次骂他不懂事，他却说我是因为不喜欢他。

"上周二的时候，他突然没有回来，打个电话说是去了同学家。当时我也没在意，可没有想到第二天他让一位同学给我捎来一封信。信的内容只有两句话：'你们从来就不喜欢我。我是一个多余的人，我已服了毒药。'真急人。我只好动员所有熟人去找，谁知当找到他时，他却正在同学家悠闲自得地看电视，还不愿意和我们回家，还说我们找他是多事。

"刚开始，别人就建议我带他来看看心理医生，可我觉得他只是性格倔强了一些，心理是不会有事的。但是后来呢？他的所作所为越来越超乎想象了，而我又不知道该如何去疏导他，所以就把他带来了，医生，他到底是怎么回事儿呢？"

就这样，在心理医生的诊断后，得出结论。

89. 恐吓父母的男孩

医生说道:"夫人,对于鲍勃的所作所为,也许大多数人都不会认为他在心理方面存在问题,这种情况在现实生活中确实偶尔有之,它既不同于其他方面的疾病有明显的表特征,又未危及个人的生活和学习,只属于人的心理素质问题,但从心理医学角度看,它至少表现出了一种区别于常态的自理和应对别人和环境的方式,是不被大多数人所接受的。因此心理医生诊断鲍勃患有轻度反社会型人格障碍。"

"啊?那是一种什么病呢?"鲍勃的妈妈惊讶地问。

根据精神病学家和心理学家研究的成果来看,产生反社会型人格的主要原因有:早年丧父丧母或双亲离异,养子,先天体质异常,恶劣的社会环境、家庭环境和不合理的社会制度的影响,以及中枢神经系统发育不成熟等。一般认为,家庭破裂、儿童被父母抛弃和受到忽视、从小缺乏父母亲在生活上和情感上的照顾和爱护,是反社会型人格形成和发展的主要社会因素。

鲍勃也说出了原因,他觉得父母对他的关心不够,而哥哥虽然从小体弱多病,可他却得到那么好的照顾,说完竟愤恨地哭了起来。心理医生因此发现他是因受到家庭的冷遇,觉得自己没正常地分享到父母的爱,长期积蓄在内心的逆反心理导致了他采用"恐吓父母"这一极端的做法。

心理医生除耐心讲解这样的危害外,还采用了认识领悟疗法,试图通过深层的谈话来进一步了解其性格形成的原因。

小知识:

推孟(1877~1956)

美国心理学家,修订了比奈-西蒙智力量表,使它符合美国的文化,修订后的量表被称为斯坦福-比奈量表。1923年当选为美国心理学会主席,1928年当选为美国国家科学院院士。

90. 要求截肢的女孩

> 在自残的孩子中，有感情问题、学习压力，有因父母离异或家庭生活不幸，还有受别人影响觉得好奇等等。其中，大约有30%的人会有自杀的念头或者是设想过各种自杀的场景。

医院里，朱丽安的一个要求把值班医生吓了一跳：把她的两条腿锯掉。

医生之所以觉得这个女孩子不可理喻，是因为经过检查发现这是两条功能健全的腿。这就怪了！这个小女孩为什么要做这种事？难道她的背后有恶势力胁迫，以致她是在万般无奈的情况下做出了截肢的决定？

即使如此，医生也不能做这样的手术，世界上哪有为健康人截掉完好双腿的医生！可是，经过调查、查证，院方发现这名女孩并没有受到其他人的胁迫，截肢完全是自愿的。因此，院方一致认为，这个女孩心理有问题，于是制定了治疗方案，对她进行了几个月时间的精神治疗。

在治疗过程中，有一次，她掀起衣袖让医生看，医生顿时惊呆了，她的胳膊上满是伤痕，伤痕分明是割上去的，有旧伤，也有新伤，密密麻麻的。

她说："我父母都是商人，小时候他们都很喜欢我，基本上什么愿望都能帮我去实现。当时家境并不好，记得有一次，我看到有个小朋友买了一个很好看的玩具，我便让父母去给我买，其实那个玩具是非常贵的，当时我们的家境也并不好，不过，爸爸还是给我买了。我那时真的非常高兴，觉得家庭都在围着我转。

在我上了初中，父母便对我有了很多限制，比如什么时间该睡觉、起床，整天对我唠唠叨叨，于是我就和他们顶嘴，父母也因此非常生气。

有一次，父亲竟然动手打了我，他可从来没有打过我，我当时一下子绝望了，我把正拿在手中的一本书朝父亲的脸上扔去，然后撒腿就跑出了家门。我边哭边在大街上走着，街上的人都用异样的眼光看着我，我想为什么现在父母对我不好了。不知什么时候，我发现自己的左胳膊已经被抠出了一道血印。但是当时却没有感

90. 要求截肢的女孩

觉到一丝的疼痛,反而产生了一种快感,似乎这样很舒服。

从那次起,我不顺心的时候,就用刀割自己的手腕。看着一道血迹出来了,我竟然笑了,而且笑出了眼泪。我知道自己的心在流泪,在呐喊:'这个世界怎么能这样对我?'

后来父母找到了我,但是从那以后,我的性格变了,我不再喜欢和别人交往,每天都很忧郁,心里像是压了一块大石头,但是究竟是怎么回事,我自己也不清楚,也许是希望能有人理解吧。这样,我变得越来越孤独,同学们也越来越远离我了。

至于来医院截肢,是因为在网络上看到一些人说,截肢是一种自我实现的形式。只有截掉身体的某些部分,才会感到人生的'完美',因为'做了自己想做的事'。我也就是在他们的影响下,才打算来这里截肢的。"

说完后,她长嘘了一口气,似乎轻松了许多。然后看着医生,说:"我也知道自己心理不正常,但又有什么办法呢?反正也没有人会在乎我!"

她之所以有自伤行为,是因为父母小时候对她的溺爱,使她产生了较强的自我中心倾向,而当她进入初中之后,她的这种心理没有得到满足,父母从关心她的生活转向了关心她的学习。而且,她已逐渐进入了心理断乳期,急需父母对她的心理需要给予极大的关注,可父母的行为恰恰背离了她的愿望,使得她越来越感到不受重视。加上学习成绩不理想,自己也无法肯定自己,这种心理上的失衡无处发泄,但又急于发泄,这样,她唯一能找到的对象就是她自己,每次自残都使她得到暂时的缓解,但是过后又重新回到失衡状态,甚至比先前更严重。

心理专家认为,人类自己最大的感受就是竞争越来越激烈,生存压力逐渐增大。面对这些压力,成年人一般能够采取有效的方法排解或者转移,但是青少年很难具备这种能力。因此,便有人选择自残来缓解这些压力。

91. 她是在装病吗？

扮演病人，在心理学上叫做"躯体化"，就是在生活困境难以面对的时候，潜意识里会让心理压力转换成某种躯体症状，从而应付现实。

当代心理咨询大师艾维是美国著名的大学教授，原就职于马萨诸塞州大学的阿默斯特学院。有一次，他的咨询室里来了一位少妇，看上去风姿绰约，身体健康。但是，她在艾维教授面前坐定之后，讲述了让人意想不道的故事：

"在我一个人的时候，我什么也不敢做，因为我觉得自己根本做不了，是的，做不了任何事情。真的，我觉得我有病，而且还是一种非常奇怪的病。好比我每次都不敢一个人出门一样，我担心自己出去后会晕倒。我30多岁，孩子也快6岁了，而我却得了这样奇怪的病。我也想过一定要战胜它，可是我越想控制时，就越控制不了，我非常着急，却不知道该怎么办才好。就这样，我一直呆在家里不能出去做事。

"也许你根本无法理解，如果让一个人整天待在家里，那种感觉有多么难熬。所以，我要请你们帮帮我，让我早日摆脱这些病魔。

"我得这个病的时候才22岁，当时，还没有结婚呢。那时候，我头痛得厉害，整夜整夜地睡不好觉，最后，上班也坚持不下来了，就每天在家里养病。医生说我是神经衰弱，最后，我自己都不能出门了。有一次，妈妈陪这我出去散步，刚刚走出没多远，我就浑身瘫软，脸色煞白，怎么都走不动了。

"以后，我就更不敢出去了。病情越来越重，吃了不少药，可是总不见好，人也越来越不成样子。

"后来，我们全都放弃了，也不怎么治疗了，可却慢慢见好了。最后我还结了婚，现在，只是当自

91. 她是在装病吗？

己一个人出去的时候还是会想：'我行吗？我不行。'于是就怕出门。您说这到底是怎么回事？"

职业的敏感使艾维意识到，她的病一定出于生活难题所造成的心理压力。要想彻底解决，就要弄清当年的症结所在。于是，艾维让她回忆一下当年发病的前后是否遇到了什么生活的难题或困扰。

"好像没什么困扰啊？"少妇陷入回忆。"那时别人正给我介绍对象，那个男孩长得不错，父母说挺好，就同意了。我那时什么也不懂，也就听父母的。而我心里的感觉告诉我，他不合我意。不过，好像这事儿也没有多大的压力。就是在那段日子前后，我出现了神经衰弱，慢慢就病倒了。我就想自己都病成这样了，拖着别人不好。于是，家里就同意我退婚了。

"当时，我们全都做了最坏的打算，不过，没过多久，我的病竟然慢慢好了。之后，我就认识了现在的丈夫，当初见面我就非常满意。"

最后，艾维教授总结道：女孩第一次谈恋爱，面对男友你不能接受又不能拒绝，内心的压力和冲突非常激烈，于是，就在潜意识中生病了。也就是潜意识扮演病人。

人们生活中的许多病症，都是这样的心理压力的躯体化。这是人在进行心理防卫，以免除内心的痛苦和焦虑。人的心理防卫机制都是建立在潜意识中的，是不知不觉中使用的。扮演病人是无意的，是潜意识的活动，装病是有意的，是思想意识里的活动。所以这不是装病，是扮演病人，是躯体化现象。

躯体化障碍其实是一种心理障碍，可反复出现，呈多种多样并时常变化的躯体症状，症状可涉及全身的任何系统和部位，病程常呈慢性波动，多见于女性，常用躯体的症状来处理应激或冲突，表现出过分担心自己的身体状况，反复就诊及要求做医学检查，虽检查结果呈阴性，经医生的合理解释仍不能打消其疑虑，常伴有明显的焦虑和抑郁情绪。

尽管这部分人症状的发生、持续与不愉快的生活事件密切相关，但病人常常否认心理因素的存在。当病人对躯体症状的描述与临床、实验室检查结果不吻合，即病人存在症状，但找不出相应的实验室阳性指征；或虽然病人存在某种躯体疾病，但常常夸大其症状，应考虑这可能是躯体化障碍。

92. 母亲的担心

> 认知疗法于二十世纪六七十年代在美国产生,是一种根据人的认知过程,影响其情绪和行为的理论假设,通过认知和行为技术来改变求治者的不良认知,从而矫正并适应不良行为的心理治疗方法。认知疗法是新近发展起来的一种心理治疗方法,它的主要着眼点,放在患者非功能性的认知问题上,意图通过改变患者对己、对人或对事的看法与态度来改变并改善所呈现的心理问题。

有一次,美国的心理学家贝克的咨询室里来了一位太太。她非常压抑地对贝克说:"我苦恼极了,你要想办法帮帮我。真的,他们全都不喜欢我,的确,没有人会喜欢我的,他们说我一点用都没有。那些年龄小的孩子也都不再喜欢跟我在一起做事了。"下面,我们来看看他们的谈话:

病人:我儿子再也不喜欢跟我一起去戏院或者去看电影了。他开始不喜欢我了。

贝克:哦?那你是怎么知道他不想跟你一起去的呢?

病人:现在这些十几岁的小孩,其实都不喜欢与父母一起去看电影的。

贝克:是吗?那请问你曾经非常真诚地邀请他与你一起去看电影了吗?

病人:哦,这,这倒没有。实际上,这样的事情,他倒是问过我几次,问我需不需要他带我去……但是,我觉得他虽然这样问,但是不是真的想带我去的。

贝克:是吗?那你能不能在今天或有空的时候,回到家里之后,试一试让他直接回答你的问题呢?

病人:教授,我是不会猜错的,他们是不会和我一起去的。

贝克:哦!太太,问题的重点在这里,不是他跟不跟你去,而是你是否在替他做决定,而不是让他自己直接告诉你。

病人:我想你是对的,但是,他看上去的确不太体贴人的。比如,他总不按时回家吃饭。

贝克：哦，那他总是这样不按时回家吃饭吗？

病人：也不是的，一共有一两次吧……不过，现在想想这也算不上总是迟到。

贝克：他很晚回家吃饭是因为他不太体贴人吗？

病人：真要说起来，他的确说过那两天他会工作得很晚。还有，他在其他一些方面还是很会疼人的。

后来，这位病人发现，她儿子事实上是很愿意跟她一起去看电影的。

这就是贝克的认知疗法，它涉及到的东西远不止仅仅指出病人的认知扭曲而已。让病人认识到认知扭曲的重要的一步是建立一种治疗师与病人的关系。贝克极重视给病人以温暖、同情和诚心的意义。他运用了很多认知及行为疗法技巧，其中有角色扮演、果断训练和行为预演。他还利用了"认知预演"。他会请一位压抑的、不能完成一种他很熟悉，甚至他早就学会了的任务的病人来想象，并与他一起讨论整个过程的每一步。这会排除掉病人的思想产生疑虑的倾向，并使他的能力不足感产生偏移。病人经常报告说，他们在完成了一个想象中的任务时会感觉好多了。

如本例所示，贝克风格的认知疗法的关键是他的苏格拉底式的启发，通过提问让病人说出一些与他的假设或者结论相反的情况，因此就纠正了这些认知错误。

认知疗法不同于传统的行为疗法，因为它不仅重视适应不良行为的矫正，而且更重视改变病人的认知方式和认知、情感、行为三者的和谐。同时，认知疗法也不同于传统的内省疗法或精神分析，因为它重视目前病人的认知对其身心的影响，即重视意识中的事件而不是无意识。

认知疗法的基本观点是：认知过程及其导致的错误观念是行为和情感的中介，适应不良行为和情感与适应不良性认知有关。医生的任务就是与病人共同找出这些适应不良性认知，并提供"学习"或训练方法矫正这些认知，使病人的认知更接近现实和实际。随着不良认知的矫正，病人的心理障碍亦逐步好转。

93. 三面夏娃

> 多重人格就是一个人有很多的性格。一般表现为双重人格，也有罕见的多重人格。而且，每个人格都具有不同的品位、性格、习惯、智商等等。而且一个人格会不记得另一个人格所做过的事。有的患者是天生的，也有些人格分裂是后天受了某种刺激造成的。

据英国《泰晤士报》报道，现年 32 岁的帕梅拉·爱德华兹是英国圣海伦斯市人，她患有一种罕见的多重人格分裂症，除了"真我"帕梅拉外，她的身上还有着四个虚构的角色，分别是"安德鲁"、"桑德拉"、"苏珊"和"玛格丽特"，四个角色会轮流控制帕梅拉的行为，让她做出一些无法理解的古怪举动。

有时候，"他"是"安德鲁"，这是一个淘气的小男孩角色，当"安德鲁"的人格出现时，帕梅拉总是神经质地梳理头发，或者顽皮地恶作剧，弄坏家里的东西。有时候她忽然温柔而克己，这是"桑德拉"的角色正在控制她，这是一位母亲。当"苏珊"的人格出现时，帕梅拉的表情会显得更加直率和自信，"苏珊"是一位成功的白领女性。据悉，帕梅拉的多重人格之间还会发生冲突，甚至互相争吵。

据报道，帕梅拉童年时曾是家庭暴力的受害者，直到五岁才被社会工作人员送进福利院抚养。英国心理专家相信，正是这种童年的虐待让帕梅拉发展出了罕见的多重人格。

提起"多重人格"、"人格分裂"等词，相信大家都不会陌生，公众对多重人格的好奇心在电影和文学作品中早已有所了解。《三面夏娃》、《爱德华大夫》、《西碧尔》（译名《一个人格裂变的姑娘》）、《催眠》、《夜色》等许多作品使得人们对"多重人格"的好奇心方兴未艾。

多重人格的先导因素主要在于童年时期受到父母、亲戚或密友施行的身体虐待或性虐待，以及其他的情感创伤。他们可能被亲人或所依赖的人鞭打或监禁，以致他们无法反击或逃跑，他们通过解离分裂状态来做象征性的逃跑，借着创造坚强

93. 三面夏娃

的内在角色，协助应付遭受创伤的情境，来保护脆弱的自我，她们会创造另外一个世界来取代真实的世界，做原始自我渴望做却不敢做的事。

除此之外，多重人格还总是与催眠有着千丝万缕的关系，在催眠状态下，大多数被催眠者可以被诱导多重人格。原理在于透过催眠在大脑中枢可形成一个强兴奋点，从而抑制周围中枢系统的兴奋。多重人格便是由多重强兴奋点主宰的，人格间的转换便是多重兴奋点间的转换。

可见，用催眠术来证明患者具有多重人格的做法是极其错误而且有害的，催眠不慎有可能诱发催眠后多重人格症，有时，患者还会出现新的人格类型，而且，消除这种治疗副作用是极其困难的。

> **小知识：**
>
> **理查德·拉扎勒斯（1922～2002）**
>
> 　　美国应激理论的现代代表人物之一，对情绪和适应做了大量的研究。关于应激反应的对付过程，他提出了认知评价的重要性，认为生活过程中的其他因素都是以认知评价为转移的。1989年获美国心理学会颁发的杰出科学贡献奖。

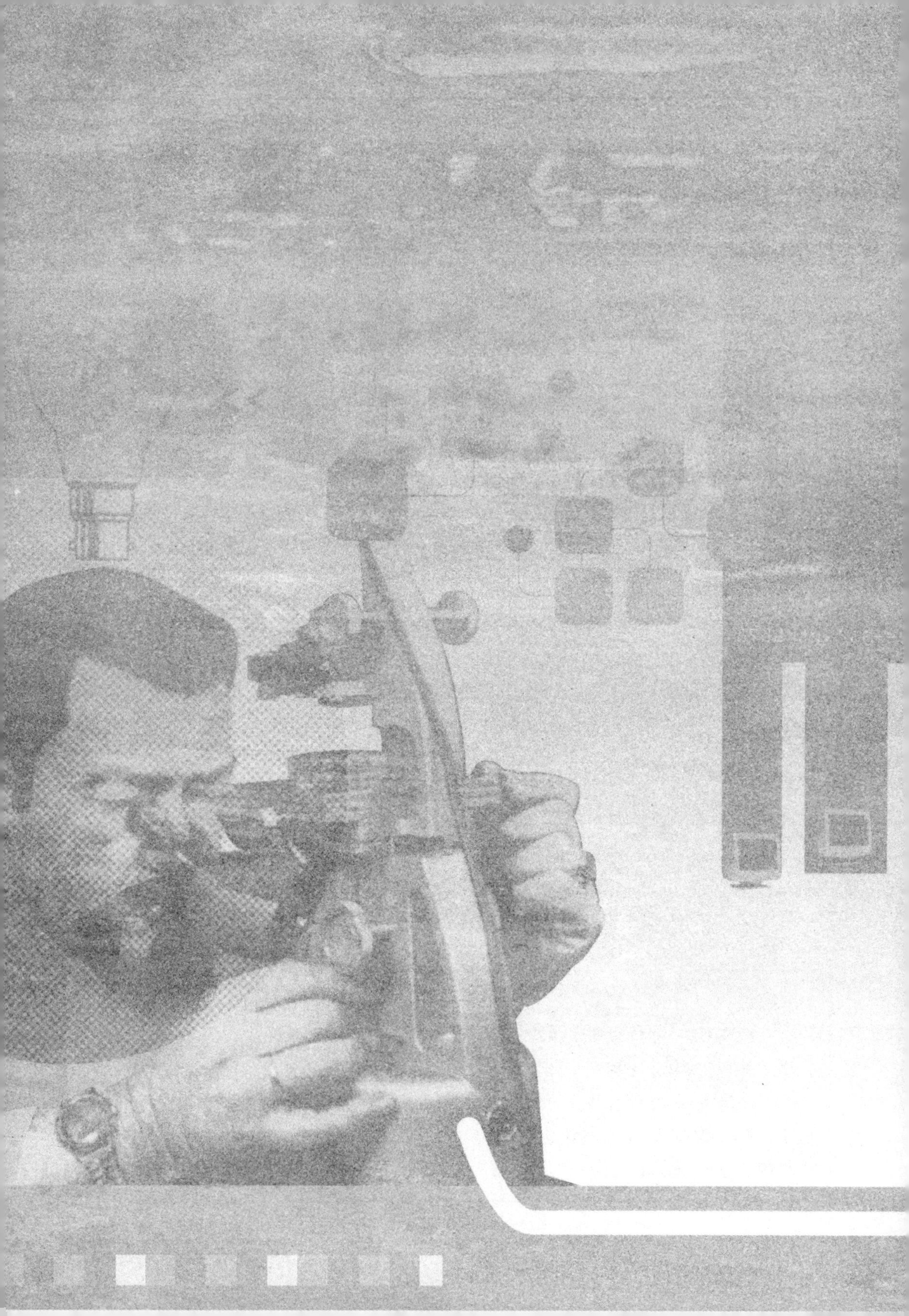

第五章

生理及其他心理学

生理心理学是研究心理现象和行为产生的生理过程的心理学分支学科。它试图以脑内的生理事件来解释心理现象,又称为生物心理学、心理生物学或行为神经科学。

生理心理学是一门综合性的学科,与生理学、神经解剖学、神经生理学、生物化学、心理药物学、神经病学、神经心理学、内分泌学,以及行为遗传学等都有密切的联系。生理心理学综合各邻近学科的研究成果,来窥探心理现象赖以产生的脑的组织和工作的奥秘。

生理心理学,研究心理现象的生理机制。主要内容包括神经系统的结构和功能、内分泌系统的作用、本能、动机、情绪、睡眠、学习等心理和行为活动的生理机制。

而发展心理学则是研究心理的发生、发展过程和规律的心理学分支。它主要研究心理的种系发展和个体发展。

本章的目的在于,使读者深入了解生理状况以及其他心理学上的一些知识。

94. 神奇的梦境

一个典型的梦的叙述常常包含幻觉、妄想、认知异常、情绪强化及记忆缺失等特征。梦以生动的充分形成的视觉领域占绝对优势的幻觉想象为特征。在大多数梦中，听觉、触觉及运动感觉的叙述也较普遍，味觉及嗅觉幻觉想象较少，而痛觉的幻觉想象则十分罕见。梦的特征是显著的不确切性、不连续性、未必可能性和不协调性。

美国总统林肯，在他遇刺身亡前的十天，就曾经梦到白宫东厅有一大群人正在哀哭，还有很多士兵守卫。当他在梦中上前查问时，才知道因为总统先生被人枪杀而死。第二天他把自己的梦境内容叫他的亲信瓦德·雷门记录下来，结果于1965年4月14日，林肯总统真的被人枪杀而死，棺材也是安放于白宫的东厅。

德国的希特勒有一次在巴伐利亚军团前线，却被一个怪梦救活了他的命：他梦见自己被一大堆泥土及熔铁埋没，惊醒后便急忙离开这个营地，当跑到离此营地不远时，忽然背后一声巨响，当跑回营地一看，刚才睡觉的地方已出现一个大弹坑，睡在旁边的人已统统被泥土活埋。

十七世纪法国著名演员香穆士勒，有一次她梦见自己死去的母亲向自己招手，便想到自已将遇不幸。于是便立即到教堂去做弥撒，结果，当她走出教堂后立即倒毙。

英国莫里斯·格里菲太太曾经梦到自己在南非的儿子病危并向自己叫唤，两个月后，她的儿子也真的病死了。

1883年8月某日晚8点钟，美国波士顿某报的专栏作家爱德

94. 神奇的梦境

华·萨姆森梦到火山爆发,无意中把梦境的惨状写于纸上并留在桌子上。第二天被编辑看到并误为采访事实而刊登了出来,这件事令他十分不安,又怎知数日后竟成为了事实,附近的一次火山爆发居然导致数万人死亡。

1947年,拳击手休格·鲁滨孙在一场重量级锦标比赛中打死了对手吉米·多伊尔。本来,他是不想参加这场比赛的,因为他曾经做了一个把对手活活打死的怪梦。但人人都不相信,还讥笑说:"如果梦境也会成为事实,我早就是百万富翁了。"他始终还是拒绝出赛,只因后来被神甫游说才上场的。

世界上类似这样的奇梦根本无法尽述,但最震惊世界的,还是巴西神医阿里戈的梦。由于这个梦而使这个只受过一点正式教育,却从来没有受过任何医学训练的阿里戈成为了震惊世界的神医。他不需用特殊的手术刀,不用麻醉药,不用作任何消毒,手术切口出血少愈合快,手术时间迅速准确,不需同行人帮手,不需医院特殊设备,随随便便可做手术,病人没有任何痛苦。他的一生治愈了数不尽的病人。据阿里戈个人自述,报梦者是一个于第二次世界大战期间战死的德国军医,这位医生空有一身医术,却无法为人类再作贡献,心有不甘,于是便在人间找替身。起初是每晚报梦令阿里戈心烦意乱,后来索性附上了他的身体,利用他去干出这些惊世的事。

梦境生动逼真又怪诞离奇,因此是人类心理中最神秘的部分了,古往今来的心理学家对梦进行了不懈的研究。

做梦是人体一种正常的、必不可少的生理和心理现象。人入睡后,一小部分脑细胞仍在活动,这就是梦的基础。而梦是否带有预言性我们不得而知,关于梦的作用,心理学家也是众说纷纭。有人提出梦主要是帮助睡眠,它把外界的各种声音都做到梦里,从而使人不至于轻易醒来;有人则主张梦是将记忆归档时至关重要的一个环节,当梦与记忆中的内容互相吻合,大脑就会强化记忆,否则梦境就会显得十分怪异。

精神分析学派的鼻祖弗洛伊德认为,人之所以做梦,是由于人的某些愿望在意识清醒的时候受到压抑,在意识放松警惕的睡眠中它们就改头换面,以梦的形式粉墨登场。因此,也流传这样一种说法,如果你老是梦到相同的内容,一定是你的梦要告诉你一些你自己都没有意识到的问题,比如健康隐患等。从这个意义上说,梦对人是有用的:梦本身就是一名优秀的"诊断师"。

现代神经心理学则用新的技术和方法对梦的秘密进行了重新探寻。首先,科学家们发现,每个人的睡眠都分为两个阶段——快速动眼睡眠阶段和慢波睡眠阶段,梦都是发生在快速动眼睡眠阶段。你可以仔细观察熟睡中的人,如果他的眼球正较快地转动,你叫醒他,他一定会告诉你自己在做梦。

至于为什么要做梦,则有不同的观点。有人认为,梦是大脑重新合成蛋白质时,各种信息重新排列组合的反应;也有人认为,梦是人入睡后,一小部分脑细胞仍在活动所导致的;还有人认为,梦能减轻大脑皮层神经细胞的负担,大脑干细胞神经元在做梦的时候对负责机体活动的运动冲动有一种抑制作用,使肌肉器官不再受其影响。如果这种保护机制不起作用,那做梦的人就会按照梦中的情景活动起来。

小知识:
爱德华兹(1914～1994)
　　美国心理学家,将统计工具引入心理学从而改变了现代心理学的研究方法,他也因此而著名。爱德华兹还发展了人格测验,他创制的爱德华兹个人兴趣表可以消除被试者由于社会期许性而造成的偏差。

95. 爱因斯坦大脑之迷

> 有了大脑，我们才能思考、学习、想象、记忆……有了大脑，我们才能成为自己。它是一个让人迷惑的器官，像生和死、意识、睡眠和其他更多的东西，都是人类至今也没有解开的谜团。

爱因斯坦被誉为人类历史上最具创造才华的科学家之一，也是20世纪最伟大的科学家。他出生于1879年，逝世于1955年4月18日。去世前，他在医院里亲手写下一份遗嘱，明确表示死后将重归"神秘之土"，遗体必须火化，然后把骨灰撒在人们不知道的地方。在遗嘱的最后，他庄重声明，不允许像其他一些名人那样把自己的住所改建成纪念馆……

此后，有关他的遗嘱，社会上流传着许多种说法。有人说，他生前已经明确表示，死后捐出脑部供科学研究；也有人说，爱因斯坦想到了自己大脑的重要性，但并没有表示捐出的意思；还有人说，他重病期间，与主治医生认真探讨过这个问题，但没有做出肯定的承诺。

分析人士认为，爱因斯坦当然知道自己大脑所具有的科研价值，因此如果他要力保脑袋和身体一起火化，不留给世人进一步研究，他必定会在遗嘱中详细声明，"死后遗体完整火化"。实际情况是，他并未写上"完整"这个字眼，所以他至少已经默许了"死后大脑可以供后人研究"。那个年代已经开始流行脑切片研究，爱因斯坦应该知道，要阻止人们进行脑切片研究几乎是不可能的。

爱因斯坦去世时，在普林斯顿医院为他治病的医师名叫托马斯·哈维，当时42岁。哈维医师对这位科学泰斗仰慕已久，他也一直在考虑"爱因斯坦为何才智超群"这个问题。事有凑巧，那天负责验尸的正是哈维医生，所以他顺顺当当地把爱因斯坦的大脑完整地取了出来。然后哈维医师把大脑悄悄带回家中，浸泡在消毒防腐药水里，后来又用树脂固化，再切成大约200片，并亲自动手研究，同时也给科学界提供切片进行研究。

哈维医师将爱因斯坦的大脑保存了四十多年，此间科学界对爱因斯坦的大脑进行了全面的研究。据不完全统计，研究过爱因斯坦大脑的科学家不下百名。有人猜测，这其中肯定有惊人的发现，但由于很多科学家是在政府的授意下进行研究的，成果属于国家秘密，不便发表。

1997年，哈维医师已经84岁高龄，他决定把所有的大脑切片送还爱因斯坦生前工作的地方——普林斯顿大学。此脑经历了43年的辗转，最终回到了爱因斯坦逝世的地方。大脑送回后，普林斯顿很快便收到几份希望对爱因斯坦大脑进行研究的申请，其中包括加拿大安大略省麦克马斯特大学女教授桑德拉·威尔特森、日本群马大学医学院的山口晴保教授。

我们都知道，智力和大脑的关系密不可分。但是，到底是大脑什么地方的不同，使得人有天才和常人之分？是大脑的重量，还是大脑中神经元的数量？或者是其他的原因？心理学家也非常关注智力的秘密。其中，研究天才人物的脑，并和普通人的脑进行对比，就是非常重要的一条研究途径了。

据威尔特森研究的结果，爱因斯坦大脑左右半球的顶下叶区域，比常人大15%，非常发达。大脑后上部的下顶叶区发达，对一个人的数学思维、想象能力以及视觉空间认识，都发挥着重要的作用，这就解释了爱因斯坦为何在数学领域有如此卓越的造诣，且具有独特的思维，才智过人。

爱因斯坦大脑的另一个特点，是表层的很多的沟回和褶皱。人所面对的社会生活的复杂性要求人的大脑具有更多的大脑皮层（灰质）神经元，大脑容纳不下，大脑皮层就只能透过褶皱的形式在头颅内拓展面积。威尔特森的研究小组，把爱因斯坦的大脑与99名已死老年男女的脑部比较，得出了这一结论。

威尔特森的发现轰动了世界，但有些西方科学家呼吁，这一发现固然可喜，但应谨慎对待，因为仅凭爱因斯坦的一个大脑就得出这样的结论，理由并不充分，因为那可能只是一般聪明的犹太人普遍具有的脑部特征。爱因斯坦尽管生来是天才，但如果没有后天的培养和个人的努力，天才也难以发挥出超人的智慧。总之，为了解开人脑的智慧之谜，科学家们任重而道远。

96. 蒙上眼睛的试验

> 詹姆斯·朗格理论认为,某项事实激发某个情绪,并因此产生出身体变化。比如,我们突然遭遇到猛兽会发抖,并由于发抖而感到害怕。也就是说,情绪反应发生在生理变化之后。

20世纪初期,一位名叫布拉茨的心理学家做了一个在现在看来让人觉得不可思议的试验:他告诉试验者,他们要参加的一个项目试验目的很简单,就是研究一下人在15分钟内的心率变化。

每个志愿者全都被蒙上眼睛,并被绑在一把椅子上,用电线接上可检测脉搏、呼吸和皮肤感应电系数的仪器,而后让他们独自一人待上15分钟。在此期间,没有发生任何事情。第二次、第三次仍然这样。

在这期间,一些志愿者甚至睡着了。但在第四次的某个时候,布拉茨按动一个开关,使椅子突然向后倒下,就在椅子倾斜到60度的时候,才被专门安放在椅子后面的机关给挡住。

结果,志愿者均表现出突然快速和不规则心跳,甚至出现呼吸停止和急喘,同时皮肤释放出感应电流。所有人在报告中均称,他们体验到了什么叫惊恐和害怕。

这个试验证明了詹姆斯·朗格理论。詹姆斯·朗格理论认为,某项事实激发某个情绪,并因此产生出身体变化。比如,我们突然遭遇到猛兽会发抖,并由于发抖而感到害怕。也就是说,情绪反应发生在生理变化之后。

另外一个著名的试验是在20世纪20年代。心理学家卡尼为了研究人们在严重的情绪混乱时的生理现象,竟然成功地劝说三位志愿者连续48小时不吃任何东西,并在最后连续36小时不睡觉。

他们给连接在监测血压和胸部扩张的仪器上,并吞进一只与小橡胶管连在一起的小气球以测量胃的收缩量。卡尼还将一个类似的装置插进志愿者的直肠里,然后对着一个可测量二氧化碳输出的仪器吹气或吸气,以确定代谢指标,在此期间,还要对他们进行一次电击,电击的强度以他们的忍受度为准,忍受极限是做出手势。

结果,电击使志愿者出现暂时性休克,血压上升,情绪紊乱,并使直肠收缩。然而虽然志愿者为科学献身的精神值得敬佩,但这次试验却没有得到明确的结果。

尽管三位志愿者均说他们感觉到愤怒,但对相关或可能引起这些变化的具体生理变化则没有或很少给予注意。卡尼所能发现的唯一生理反应是惊讶,而这是主观状态所经常拥有的反应。眼睛的眨动,复杂的面部,身体反应均发生于情绪意识之前,因此也符合詹姆斯·朗格的理论。

虽然生理学家沃尔特·坎农认为詹姆斯·朗格的理论完全是错误的,但是,在以后的几十年里,越来越多的心理学家经过大量的试验证明詹姆斯·朗格理论在一定范围内还是正确的。

小知识:

罗森塔尔(1933~　)

美国社会心理学家,加利福尼亚大学教授,主要研究兴趣是人际期望,即一个人对另一个人行为的期望本身将导致该期望成为现实。同时他还对非言语交流很感兴趣。

97. 灵感到底是什么

> 灵感是一种思维形式,它不同于逻辑思维。它是人类思维发展到高级阶段的产物,是认识上的质的飞跃,是一种创造性的思维活动。它表现为人脑长期思维活动中的一种顿悟,一种独特而非凡的见解。

阿基米德是古希腊伟大的哲学家和数学家。

有一天,国王因为怀疑工匠在制造皇冠时偷工减料,就请他帮忙鉴定黄金的成色。如果能把皇冠拆开,就很容易知道它是不是纯金的。但国王并不允许把这精巧的皇冠分解。

在这种限制下,阿基米德想了很久,都想不出好办法来,因此日夜都感到十分苦恼。有一天,他到公共浴室洗澡时发现,人浸入浴池以后,池中的水就会溢出来;于是灵机一动,"如果拿一块和皇冠等重的黄金,先后放进水缸中,比较溢出水的重量,不就可以推断出皇冠是否掺杂质了吗?"

于是他兴奋极了,不停地高呼:"我知道了!"并且没穿衣服就冲进实验室里,进行实验工作,结果发现皇冠果然不是纯金的。力学中重要的"浮力原理"就这样被阿基米德发现了。

阿基米德的故事表明,人的大脑可以同时进行两种思索,一种是有意识的,另一种是无意识的。

阿基米德的故事虽然无法考证,但在认知革命的早期,科学家们对人大脑进行的多种试验表明,思维绝不是单一的。

其中最有名气的试验是美国学者詹姆斯·拉克纳和梅里尔·加勒在1973年主持的一项试验。

他们给每位志愿者都戴上耳机,要求他们只注意左耳听到的东西,不管右耳边播放的内容。他们左耳听到的是含义模糊的句子,比如:"这个球员……去掉噪声……示意……射门";同时,如果仔细用右耳听的话,一部分人可听到对左耳听到的模糊句子做出的解释("他关上油门");另外一些人听到的却是一些与左耳听到的内容毫不相关句子("乘务员小姐面带微笑")。

放下耳机后,任何一组也无法说出其右耳听到的是什么。但当问及含义模糊的句子意义时,右耳听到毫不相关的句子的人可分成两组,一组认为他们听到的是关上窗户,另外一组却说是把门关上,而几乎所有听到解释性句子的人都说是关上油门。这种现象说明,解释性的句子和模糊的句子同时在大脑里得到了无意识的处理。

这个试验得出了一个明确的结论:人的思维不是串行处理器——因为如果这样的话,大部分的人类认知过程将不能解释了。

爱因斯坦曾说:"我相信直觉和灵感。灵感是突然的'顿悟',是黑暗中的闪光,是常规的反叛,是创造思维的火花……"

那么灵感,或者说是顿悟,到底是什么呢?灵感和大脑有什么关系呢?

美国科学家的最新研究表明,"灵感"确实与大脑不同寻常的工作方式有关,它与人类在常规状态下的大脑活动不同。

为证实上述看法,美国科学家让十八名研究对象玩一种字谜游戏,内容是找出一个单词,使它能与列出的其他三个不同英文单词搭配,分别重新组合成三个有意义的新词。实验的组织者要求每名研究对象在解题过程中都要报告他们经历"顿悟"的时刻。

结果表明,"顿悟"的出现与大脑右半球颞叶中的前上颞回区域有密切关系。当研究对象顿悟出答案时,这一区域活动明显增强,并在"顿悟"前0.3秒左右突然产生高频脑电波。而透过常规方式获得答案的研究对象则没有上述情况出现。

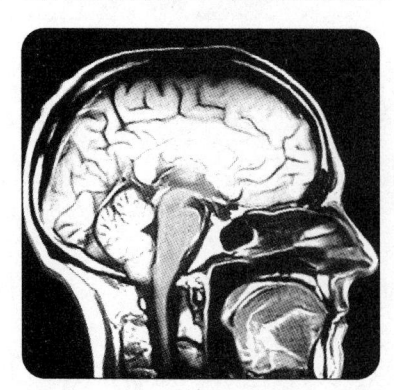

美国科学家首次由试验得出结论,原来"顿悟"的产生有赖于大脑神经中枢独特的活动机制,这一机制为大脑"顿悟"时的独特认知过程提供了支持。科学家们进一步推断,前上颞回区域能促进大脑将看似不相关的信息进行集成,使人们突然在其中找到早先没有发现的联系,从而"顿悟"出答案。

这一最新研究表明,由大脑独特的计算和神经中枢机制导致了灵感降临的那些"突破性时刻",从而也揭开了蒙在"灵感"上的神秘面纱。

98. 俄狄浦斯情结

> 男孩子会把他的母亲作为他一生中的第一个性对象，大约两三岁开始有明显表现。弗洛伊德把男孩进入恋母情结的阶段称为"神经症阶段"。

在希腊神话中，俄狄浦斯是传说中希腊底比斯的英雄。相传他是底比斯国王拉伊奥斯和皇后伊俄卡斯忒的儿子。国王拉伊奥斯听到预言说，自己将死于亲子之手，因此，当俄狄浦斯出生后，国王就刺穿了他的双脚（俄狄浦斯这个名字的意思就是"肿脚的"），并命令一个奴隶把俄狄浦斯扔去喂野兽。这个奴隶可怜孩子，把他送给了科林斯国王波吕玻斯的牧羊人。

俄狄浦斯渐渐长大，他从未怀疑过国王波吕玻斯是他的生父。俄狄浦斯成人之后得到德尔菲神殿的神谕：他将弑父娶母。他非常害怕，于是，决定永远离开科林斯。他到了一个十字路口，遇见底比斯国王拉伊奥斯，在一场冲突中杀死了国王。国王的侍从除一人逃走外，也全被杀死。神示的前半部分就这样应验了：他成了弑父的凶手。

在前往底比斯的途中，他遇见了怪物斯芬克斯。守在通往底比斯城的十字路口的斯芬克斯，让过路人猜一个谜语："是谁早晨用四条腿走路，白天用两条腿走路，晚上用三条腿走路？"猜不出的人就会被吃掉。俄狄浦斯猜出了这个谜语后，怪物斯芬克斯立刻坠下深渊，通往底比斯的道路从此太平无事。底比斯人感激不尽，把这位救星选为新的国王，并让前国王拉伊奥斯的妻子伊俄卡斯忒做他的妻子。

他们生下了两个儿子和两个女儿。

俄狄浦斯当了几年治国有方的国王以后,底比斯发生饥荒和鼠疫。德尔菲神殿预言,只有放逐杀害前国王拉伊奥斯的凶手,灾害方能消除。俄狄浦斯忧国忧民,全力缉捕罪犯。最后,他找到了那个唯一脱险的老国王的侍从,才知道杀害底比斯老国王的凶手竟然是自己。凶杀案的见证人恰恰又是曾把婴儿时的俄狄浦斯交给波吕玻斯王的牧人的那个奴隶。俄狄浦斯惊骇万状,不祥的预言全部应验了:他不仅杀害了父亲,而且娶了母亲。

后来,其母伊俄卡斯忒自杀身亡,俄狄浦斯也弄瞎了自己的双眼,进行自我流放。

任何新生命都是对于旧生命的致命的威胁,这是预言的来源。俄狄浦斯彻底地否定了以父亲为代表的旧权威,树立了自己的新权威。然而,这种否定却并不具有完全现实的合理性,因为,它是以"暴力"和"乱伦"为手段的。因此新权威背负着沉重的内心撕裂并以否定、惩罚、放逐自己肉体的形式来悔罪。

弗洛伊德认为它是各种心理病症的基本故事,反映出这样一种意识:由于婴儿时代和童年早期的环境状况,每个孩子都渴望从与自己异性的父亲或母亲身上满足性欲,而怨恨与他同性的父亲或母亲。原始的社会和文明的社会都有反对乱伦的原理禁忌,每个人都知道这个禁忌,因此这些渴望在内心被感觉到,却一生永远地埋藏在潜意识深处。

小知识:

约翰·加西亚(1917~1986)

美国生理心理学家,以研究大鼠在内脏性有害刺激的作用下,对食物的嗅觉或味觉刺激形成长延迟的厌恶条件反应而闻名。1979年获美国心理学会颁发的杰出科学贡献奖,1983年当选为美国国家科学院院士。

99. 谁是坏孩子？

> 道德是人们生活当中的一种价值选择，表达社会的一种理性应当的概念。在这个意义上，道德不仅仅是对人们一种质量的要求，而且渗透进社会生活中的方方面面，像法律、经济、政治等方面。

A. 有一个小男孩叫斯利卡。他的父亲出去了，斯利卡觉得玩他爸爸的墨水瓶很有意思。开始时他拿着钢笔玩。后来，他在桌布上弄上了一小块墨水渍。

B. 一次，一个叫奥古斯塔斯的小男孩发现他父亲的墨水瓶空了。在他父亲外出的那一天，他想把墨水瓶灌满以帮助他父亲。这样，在他父亲回家的时候，他将发现墨水瓶灌满了。但打开墨水瓶时，他在桌布上弄上了一大块墨水渍。

这就是瑞士著名的儿童心理学家皮亚杰在对儿童品德发展阶段所做的试验。皮亚杰依据精神分析学派的投射原理，采用对偶故事研究儿童的道德认知发展。他设计了一些包含道德价值内容的对偶故事，要求儿童判断是非对错，从儿童对行为责任的道德判断中来探明他们所依据的道德规则，以及由此产生的公平观念发展的水平。

他关于儿童及青少年道德判断问题的研究，为品德发展的研究提供了一个理论框架和一套研究方法，初步奠定了品德心理研究的科学基础。

皮亚杰对每一个对偶故事都提出了两个问题：(1) 这两个孩子的过失是否相同？(2) 这两个孩子中，哪一个更坏一些？为什么？

道德是调整人们相互关系的行为准则和规范的总和。每个社会都希望它的社会成员能够按照这个社会的道德规范和行为准则行事，因此，品德发展便成为了儿童社会化的核心内容。

下面就是皮亚杰在研究中所用的另外一个对偶故事。

A. 有一个小女孩叫玛丽。她的妈妈出去了，她觉得桌子上的玻璃杯很好玩，可是后来，她不小心打碎了一个杯子。

B. 一个叫妮妮的小女孩想帮助她的妈妈干家务，于是就把桌子上的杯子拿去洗一洗，结果不小心打碎了三个杯子。

皮亚杰概括出一条儿童道德认知发展的总规律：儿童的道德发展大致分为两个阶段：在10岁之前，儿童对道德行为的思维判断主要是依据他人设定的外在标准，且根据行为的后果来判断行为是否道德，而不考虑行为的动机，该阶段称为他律道德（以上例子中，10岁以下的孩子倾向认为碎打碎的杯子多，谁就更坏）；在10岁之后儿童对道德行为的思维判断则多半能依据自己的内在标准，且认为行为的动机比结果更重要，这个阶段称为自律道德。

小知识：

皮亚杰（1896～1980）

瑞士儿童心理学家，发生认识论的创始人。他生于瑞士纳沙特尔，曾先后当选为瑞士心理学会等多个学术团体的主席，还长期担任设在日内瓦的国际教育局长和联合国教科文组织助理总干事之职。他还是多家心理学刊物的编委，1955年在日内瓦创立"国际发生认识论中心"并任主任，直至去世。他最大的贡献是创立发生认识论的理论体系。

皮亚杰及其理论在获得世界性声誉的同时，也遭自来自不同学派的众多批评，忽视人的认识发展的社会实践的制约作用也许是其严重缺陷之一。

100. 精神崩溃的海伦

> 心理缺陷,指无法保持正常人所具备的心理调节和适应等平衡能力,心理特点明显偏离心理健康标准,但尚未达到心理疾病的程度。心理缺陷的后果是社会适应不良。

一天,有位叫海伦的女士来到心理学家艾森克的办公室,坐下之后,海伦说:"教授,我的精神崩溃了,你一定要帮帮我啊!要不,我都无法再生活下去了。"

在艾森克教授的安慰下,海伦低着头,讲起了自己的事情:

"我27岁,在一家超级市场做售货员。记得12岁时,是月经初潮,13岁的时候,有一次,邻居汤姆老头曾握住我的手说:'手真胖,真好玩,真是可爱的宝贝!'我当时已经懂得了一些男女间的事,因此,我觉得汤姆老头对我不怀好意,而且又联想到别人曾说坏人'强奸幼女'之类的事件等,我非常害怕,以后我有很长一段时间,都不敢见到那个汤姆老头。

"我自幼被父母娇惯,偏爱。有一个妹妹,她必须听我指挥,顺着我。稍不如意便生气。有一次我对母亲说话没有礼貌,父亲批评了我,虽然说的不重,但我仍感到非常委屈,觉得受不了,以后几天我都没理父亲。

"我非常害怕体育活动,我总担心身体受伤,如腿被摔断、眼睛被打瞎、皮肤被划破。我在学校时,一看到人跨栏跳过,甚至一想到锻炼,就感到恐惧。

"后来,我来到这家超级市场做售货员。23岁的时候,我结了婚。丈夫是个酒鬼,他虐待我,24岁时,我和他离了婚,半年后,我又同一个开货车的人结了婚,没想到他竟然还是一个酒鬼,不过,他倒没虐待我,但他饮酒过度,一年过后竟然把车开下了悬崖。我非常悲伤,毕竟我还是那么爱他的。我们有一个孩子,叫安迪,安迪非常乖,只是这孩子的眼睛天生近视,我怀疑这是他父亲的遗传,因此,我开始痛恨他的父亲。

"有一次,我把一位顾客的钱弄错了,为此,我受到上级批评,我感到委屈,晚上,我哭了很久。好容易等到入睡后,却突然从床坐了起来,嚷嚷着要去找经理,说经理故意给我为难。接着,我开始不认识家里人了,说丈夫、姐姐都是我的同事、说有别人的孩子在'我们家里'。等我清醒过来,发现自己在医院里,非常惊奇,我不知道是怎样被送来的。

"我住了两天医院,曾两次呕吐并且大喊大叫,我不知道为什么。有一次,朋友们来看我的时候曾发作过,意识不全,当时查不出病理体征。

"我经过心理治疗,宣泄了愤怒情绪,身体各种症状包括关节肿、痛都减轻并消失。几个星期后,我突然接到母亲病危的信,感到心情紧张和焦虑。次日即发现中指关节肿胀、疼痛,以至于脱不下戒指。过了几天,这些症状又消失了。我感到很奇怪。

"丈夫出事之后,我彻底崩溃了,我开始产生心理冲突,非常痛苦。每天我都做很多梦,梦中,在意识模糊的背影上出现大量的错觉、幻觉和不系统的妄想。以幻觉较多见,内容多是可怕的场面,如看到杀人,有野兽袭来,因而我在梦中出现惊恐、喊叫等行为。也有时看到飞蛾、蜈蚣等小动物,我到处捕打。亲人都说我言语多不连贯,东一句、西一句。我的妄想内容也变化无常,片断而无联系。意识清醒程度随躯体病的轻重而波动。一般在晚上较重,常兴奋躁动不眠,而白天稍轻。定向力不完整或丧失。

"我现在处于一种什么心理状态,我不知道,只是我觉得我好像真的就是如别人所说,发疯了。我真不知该怎么办?"

最后,艾森克说这是在一连串的精神刺激中发生歇斯底里症。她的个性骄横,恐惧运动,减食厌食,家庭不幸,她的情形是一定的客观原因造成的人格发展幼稚的一系列心理表现,进而形成妨碍生活与工作的心理障碍。

由于她的性早熟,十二岁月经初潮,出现生理发展与心理发展的强烈冲突,加之缺乏必要的性知识,虽然自以为懂得一些男女间的事,实际上反而造成性压抑,将正常的人际交往联想为"强奸幼女",表现出情绪反应强烈与易于妄想而多疑的心理倾向。因而在成长过程中也就造成人格缺陷。

其实,此类人格障碍一般形成于早年,原因除了有较明显遗传因素及大脑发育不成熟外,童年的精神创伤、不和睦的家庭及不良社会环境、教育方式方法不当

等都是促使人格障碍形成的外在因素。人格障碍一旦形成后矫正十分困难,因此早期的发现及预防十分重要,要注意儿童的早期教育,让他们生活在健康的环境中。如发现儿童性格有偏离正常的现象,应尽早矫正、治疗。

> **小知识:**
>
> 　　常见的性格缺陷有:
>
> 　　1. 无力性格。这种人精力和体力不足,容易疲乏,常述说躯体不适,有疑病倾向。情绪常处于不愉快状态,缺乏克服困难精神。他们对精神压力和心身矛盾,易产生心理过敏反应,由此可诱发心理疾病。
>
> 　　2. 强迫性格。强迫追求自我安全感和躯体健康。可有程度不同的强迫观念和强迫行为。此类人易发展为强迫症。
>
> 　　3. 偏执性格。性格固执,敏感多疑,容易产生嫉妒心理。考虑问题常以自我为中心,遇事有责备他人的倾向。此类人易发展为偏执性精神病。
>
> 　　4. 不适应性格。主要表现为社会适应不良。这种人的人际关系和社会环境的适应能力很差。判断和辨别能力不足,容易发生不良行为。
>
> 　　5. 分裂性格。性格内向,孤独怕羞,情感冷漠。喜欢独自活动。此种心理缺陷易发展为精神分裂症。
>
> 　　6. 爆发性格。平时性格粘滞,不灵活,遇到微小的刺激就容易引起爆发性愤怒或激情。
>
> 　　7. 攻击性格。性格外向,好斗。情绪高度不稳定,容易兴奋、冲动。往往对人、对社会表现敌意和攻击行为。
>
> 　　8. 癔症性格。心理发展不成熟,常以自我为中心。感情丰富而不深刻。热情有余,稳定不足。容易接受暗示,好表现自己。这种性格的人,容易发展为癔病。
>
> **沃什博恩(1871～1939)**
> 　　美国心理学家,是第一位被授予心理学博士学位的女性。她由于从事动物行为的实验研究和对动机理论的发展而著名。1921年当选为美国心理学会主席,1931年当选为美国国家科学院院士。